序言

　　我是 Vincent，在網路圈打滾 10 幾年的連續創業家跟產品經理。Gen AI 在後疫情時代到來給大家全新焦點注意力，感覺是未來的新世界，各行各業都有新的希望跟機會的感覺。

　　對我來講 AI 更是超級賦能工具跟合夥人的角色，不用請原本 10 人團隊，負擔每個月超級重的薪資成本，在全世界大公司都在裁員的情況下，憑什麼小新創公司就有能力請員工？

　　現在 AI 公司很多都是不到 10 人團隊，譬如 Midjourney 跟 Pika Labs，都是由不到 10 人團隊創造的世界頂級 AI 公司。AI 徹底改變了世界的規則，從很小的應用開始，請 ChatGPT 寫一篇文章，大到國家跟國家之間的晶片制裁，再到監管 AGI(通用人工智能) 的未來。

　　我們不得不承認這一波 AI 來襲的太快，很多人開始注意關心的時候，其實 AI 已經發生在你周圍了，從 iPhone 的臉部辨識，打字自動完成，到現在 ChatGPT，我們關注到的大部分的資訊其實都是很落後的。

　　AI 是未來的電力，之前如果大公司要啟動 AI 項目，是需要找幾百個 AI 演算法工程師，然後一直『實驗』AI，這邊的實驗是指找這麼多人來用 AI，但也不確定到底有沒有效果，有點像是在找一堆人在家裡蓋 AI 發電機。

　　但 ChatGPT 出來後，就有點是突然有了 AI 供電網路，我們不用在家裡蓋發電機了，每個家裡都有電了，讓 AI 完全的普及化，通用化適應在任何場景跟角色。

　　我曾經在大學時期錯過了虛擬貨幣區塊鏈，這 10 年創業在 APP 紅利在台灣其實沒有太多，不斷嘗試不同項目，做了 10 幾年產品經理，有不斷的起起落落。現在終於有了 AI，我本身不會寫文案，不會寫程式代碼，但都略懂，這個『略懂』的等級之前只能讓我跟團隊譬如技術長或是行銷人員説我要想的方向跟想做出來的功能，但我自己卻都只能愣在那邊等他們生出來。

創業期間，基本上都是在有心無力的時間度過的，想幫忙但也幫不到什麼忙。這次 ChatGPT 出來我第一個挑戰的就是透過 AI 從 0 到 1 創建一個虛擬貨幣打賞網站，想試試看 AI 的極限在哪裡，那時候還沒有 Data Analysis 之類的功能，還是早期的 GPT4 而已，我還特別因為 ChatGPT 限制每天只能問多少問題就無法問了的事，特別創辦多個 ChatGPT 帳號，跟用 Poe 跟 Perplexity 之類的平台讓我可以多問點問題。就不斷的 Prompt copy and paste，包含前端都是 Prompt 說哪邊要置中，多少間隔，互動效果是怎麼樣等等的，搞了一個月終於搞出來了。

那時候終於有點覺得未來不是我會不會什麼技能，而是我多快可以跟 AI 一起學會一個新技能。

我這 10 年在網路圈創業，一直對技術有興趣，我本身就是在英國航太工程系畢業，但一直沒有機會實戰跟學習的機會，只能慢慢跟著我的技術長偶爾聽他的解釋，但問太多會影響他工作效率跟他也會覺得煩，但跟 AI 一起寫網站的時候我可以不斷問他，不斷叫他解釋為什麼要這樣做，他也 24 小時隨時待命不厭其煩地回覆我，這是前所未有的體驗，而且有很安心的感覺，在開發的過程我知道我如果有問題都找的到 AI。不會像跟人一樣，有自己的事情在忙，在下班，不接電話之類的問題，更不用說薪資成本的壓力了。

在文案的部分也是，這個技能我一直覺得是天賦等級的技能，不是想學就能學會的。寫個文案真的要我半條命也寫不出什麼東西，但有了 ChatGPT 以後就是發散的生成，最後再收斂，這中間的 Prompt 過程其實跟行銷經理溝通過程差不多，本來就是要來回校稿文案，最後我自己再選擇滿意的，或是給市場驗證哪個轉換率最高。只不過這次行銷經理變成 ChatGPT，生成跟產出的效率根本完全在另外一個等級，最後如果懂網路行銷的人都知道，只有市場才能決定哪條文案效果好，站在這種心態更可以放心給 ChatGPT 去生成多組不斷地反覆 AB 測試。

我在 2023 從 1 月開始研究 ChatGPT，看了半年，周遭很多朋友在大陸或矽谷都在創業跟 AI 相關的題目，每天醒來都是爆炸的新聞，每個禮拜感覺都是過了一個月的更新速度，我一直以來是一個『極度』新聞跟文章上癮者，從抖音、微信公眾號、Youtube，到 X 的每條貼文，再到收 Newletter 跟看所有社群平台，我的工作跟個性讓我需要知道每天發生什麼事情，所以那時每天早上起床光是看 AI 發生了什麼事情大概就要花個兩小時東看西看，這個習慣其實我已經 10 幾年都這樣了，大陸互聯網時期在百團大戰，跟之後抖音等等之類的項目更新新聞的頻率我都習慣了，但 AI 的到來基本上是加速了至少 30 倍訊息更新速度，這個好比說以前 30 天 (一個月) 的新聞，在 AI 時代就只是睡個覺起床就發生了那麼多事。

在這種情況下站在產品經理的角色，我已經無法做出對怎麼開發一個 AI 產品的想法，更不用說 AI 原生產品。前 10 年基本上我跟團隊開發的速度是每年都會有新產品，不管是網站還是 APP，但這次 AI 卻讓我真的看了很久很多，覺得做什麼題目都不對，每天 AI 模型的更新跟商業模式的思維都在不斷顛覆我的三觀。

最後我決定先『在喧鬧中選擇冷靜，冷靜中前進』選擇線上開課教授 AI 這個項目，結合原本的經驗去讓大家更了解跟使用 AI 跟 ChatGPT。

因為我知道 AI 就是個工具，一定要懂得使用它才是未來，不管在各行各業，基本上就跟你需要會怎麼 Google 上網一樣，現在只不過在非常早期。網路這個科技被發明出來的時候，第一個瀏覽器應用過了 20 年才出來。那時候才真的普及到社會去，這次 ChatGPT 應用跟 GPT 技術出來的時間點差一兩年而已。把 ChatGPT 趕快推上線照 OpenAI 官方講法，基本上是誤打誤撞，ChatGPT 創辦人 Sam Altman 抱持著在 YC MVP(最小型可行產品) 不斷快速推出新版本產品的心態跟需要融資才上線看市場反應，沒想到突然在全世界火紅起來，帶領了 Gen AI 時代。

這本書希望讓讀者可以了解到基本 AI 相關問題，在 AI 課程中很多學生常問的問題，或是周邊朋友剛進入 AI 會問的問題跟正確的思維，由淺入深的慢慢講解。

AI 其實本身不難，對一般用戶來說 (包括我)，不需要去懂後面複雜數學原理，也不用花大錢去買 GPU 訓練 AI，只要參與其中而已。這好比像很多人買了比特幣但其實沒人懂到底什麼是區塊鏈原理或去中心化原理。電腦大家都知道是 0 跟 1 組成的，但後面原理我們根本不用在意。

這就是站在產品經理的角度去看 AI，只要在乎用戶體驗就好，目前 AI 最缺的也是殺手級應用，真正的關心 AI 怎麼幫助用戶在對的場景產生最好的價值。

全世界幾千億美金資本都湧入 GPU 硬體、晶片、演算法人才，但對產品也就是對用戶端來講 AI 時代其實根本還沒開始，就像 Instagram 是 Appstore 出了兩年後才有的 APP，AppStore 是 iPhone 出了兩年後才開始的平台。現在的全部一切是因為社群媒體平台讓訊息傳遞得非常快，然後又因為 AI 跟後疫情時代，AI 這次的爆發基本上就是天時，地利，人和。很多事情沒有組成在同個時間點發生的話或許 ChatGPT 影響力就沒那麼大了。

書中會從 AI 基本關鍵詞開始，其實 AI 並不難，但很多人會卡在因為聽不懂那些 AI 領域的關鍵詞，就覺得好像離他很遠，學的時候變得什麼都聽不懂跟看不懂。事實上只要把一些基本關鍵詞概念理解了以後，要進入 AI 時代的門檻就變得很簡單了。接下來我們會開始講 ChatGPT 原理跟如何運用好 Prompt，也就是跟 AI 溝通的語言，到這個階段基本上就可以發揮 ChatGPT 跟 Gen AI 工具的 70-80 分實力了。跟 AI 最好的 Prompt 心法就是知己知彼百戰百勝，Prompt 要寫得好一定要先懂 ChatGPT 背後的原理，要不然就很像跟一個不懂你在說什麼的人吵架，怎麼吵都吵不贏，因為他根本聽不懂。

在 AI 時代，沒有誰比誰更厲害，就算是資深工程師寫的 Prompt 其實也不一定會比你好，這是一個非常奇妙的起跑點，大家都差不多，甚至我們的等級跟國中大學生也不會好到哪，只要他們從小就生長在 AI 的環境，到最後我們一定也會輸他們的，畢竟習慣不一樣，我們從小到大習慣是用滑鼠跟鍵盤跟電腦溝通，他們有可能處在用語音跟 VR 環境下跟 AI 溝通，但如果我們都不知道怎麼使用的話要如何教育小孩，他們如果不懂的話在學校要怎麼跟別人競爭？

未來不會 AI 的能力，會比你不會英文或數學差的更多。因為會 AI 代表你什麼都會，你不會 AI 就是直接全方位的輸掉了，在學校有可能甚至還會被排擠成不懂 AI 的人，能力跟認知上輸掉，學習工作效率也輸掉，最後連團隊合作的機會都沒有了。

這本書注重在 Prompt 跟 AI 工具的多元化結合，主要是讓大家認識 AI 跟 ChatGPT，知道 AI 能做什麼跟不能做什麼，先懂他的極限才知道如何使用 AI。他是怎麼處裡現實跟虛擬世界訊息，怎麼判斷的，訊息怎麼處理的，跟為什麼會有幻覺跟答案不準的原因。

要理解到 AI 本質問題才會真的懂 AI 到底在幹嘛，懂了以後也就不會怪 AI 答案有問題，或是瞧不起 ChatGPT 覺得他只是用來聊聊天而已沒啥了不起。

希望可以幫助大家在不同角度認識 AI，學習 AI，最後套用在自己日常工作生活裡面，跟 AI 一起面對未來，不是不會用 AI 工具的人會被淘汰，而是沒有用 AI 思維的人會被淘汰。

最後的目標是讓大家在 AI 時代變成超級個體，每個人透過 AI 都可以變成全能選手，過去團隊才能完成的任務，現在個人 AI+ 就可以完全取代一個團隊，這個賽道才剛剛開始，每個地方都是機會。

這跟網紅或是直播主時代不太一樣，以前有可能要長得漂亮，口才好，會表演唱歌等等才有機會在網路串紅，現在很多透過 AI 不露臉的 youtube 頻道也是百萬粉絲，AI 女友也可以月入百萬美金。

在 AI 時代就很像 "You can be who ever you want to be" 的感覺。

Gen AI 的生成能力，再搭配原本網路傳播的渠道，真的四處都是機會，只差你懂不懂怎麼利用 AI 工具，擁有 AI 思維，跟怎麼尋找適合的場景。

最後保持好奇心，一定會有用得到的地方。

目錄

01 歡迎來到 AI 時代

02 AI 時代 2023 世紀爭霸戰

03 AI 的故事從 OpenAI 創辦人 Sam Altman 說起

04 開始懂 AI 的第一步

05 ChatGPT 是什麼？

06　ChatGPT 的基本原理

07　我們如何跟 AI 對話

08　AI 原生產品 - 下一個 AI 殺手應用

09　如何讓 AI 製作圖片 / 簡報 / 影片 / 網站

10　AI 怎麼跟外部世界溝通？

11　未來小孩跟 AI 怎麼相處

12 AI 對各行各業的衝擊

13 AI 怎麼影響到我們的生活

14 永遠保持好奇心

01 | 歡迎來到AI時代

1.1 AI 未來的電力

AI 不知道會不會取代人類，但一定可以提升我們工作生活效率

AI 是新時代的電力，這個比喻可能一開始聽起來有些誇張，難以立即領會其深意。

讓我們來做一個思想實驗：想像一下，如果今天你的家裡突然斷電，會發生什麼事？

這種突如其來的不便和混亂，或許可以幫助我們預見在未來 10 年裡，如果家中突然沒有 AI 的話，我們將會面臨怎樣的局面。

如果 AI 是電的話，以前要研究 AI 家裡都要裝一台發電機，成本太高。現在 Gen AI 的出現好像是提供了所有家庭供電網路，讓大家都有電了。

在過去的半年裡，AI 和 ChatGPT 這兩個詞幾乎無處不在，成為了科技領域的常態話題。

雖然隨著時間的推移，它們可能不再是每天的頭條新聞，但這並不意味著它們的重要性有所減退。

相反的全球科技巨頭、政府機構到整個社會，正以前所未有的速度和決心全面投入 AI 的懷抱。

我們正見證著一個獨特的時刻，人類歷史上從未有過如此迅速而廣泛地達成共識。

AI 是現在進行式。

無論是個人、企業還是政府層面，AI 正逐漸成為推動創新和發展的主要力量。

這不僅僅是一種技術上的轉變，更是一種思維方式和日常生活方式的根本改變。就像電力在上一個世紀重新定義了人類的生活和工作方式一樣，AI 也在這個世紀扮演著類似的角色，不斷推動著我們進入一個更加智能化、自動化

的未來。

當我們討論 AI，我們不僅僅是在談論一項新興技術，也是在談論一種新的生活方式、一種新的工作方式，以及一個全新的思維模式。

2. AI 是什麼？

人工智能（AI）的概念其實與電腦的誕生幾乎同時出現。當艾倫·圖靈（Alan Turing）在第二次世界大戰期間設計出世界上第一台電腦以破解德國軍隊的密碼機時，他已經將這台機器視作具有類似人類的能力。

這一點在他後來提出的著名"圖靈測試"中也得到了體現，這個測試旨在判斷機器是否具有與人類相似的智能。因此，AI 的本質和設計初衷，實際上都是在模仿人類的腦神經和思維過程。

由艾倫·圖靈設計的重建的"Bombe"機器。該設備允許英國在第二次世界大戰期間破解加密的德國通訊。來源：(Bombe Wikipedia)

我們人類通過五官來感知世界，然後用大腦來處理這些信息，最後通過語言或身體動作來表達我們的想法和決定。AI 的運作方式在某種程度上與此相似。

可以概括為 "輸入 - 處理 - 輸出" 的模式。

AI 模型從各種格式（如文字、圖像、影片和音樂）中接收大量訊息，然後像人類大腦一樣進行分析和處理，最終生成反饋或回應。

以往聰明的人，有經驗、反應快、有邏輯性、有情感，人工智能就是把中間『處理』的黑盒子變成智能化處理的方式，所以譬如我們模擬愛因斯坦的 AI，他應該就要跟愛因斯坦對物理有一樣的知識。

Generative AI(生成式 AI) 是什麼？

這就是這次 ChatGPT 所帶來的革命，像剛剛有提到過 AI 這個行業領域其實已經很久了，但一直沒有突破性發展，融入到普通人生活，一直都還在給科學家數學家在實驗室裡做突破，雖然有一些技術已經悄悄融入到我們生活，譬如我們手機打字他會自動完成或猜你下一個字，iPhone 的人臉辨識，在電商網站購買商品平台推薦什麼商品給你，這些都是 AI。

這次 ChatGPT 是叫 Generative AI(Gen AI)，是一種革命性的生成式 AI，他可以生成文字、圖片、影片等等，應用到的場景更是可以到我們日常生活跟工作中，發揮的地方幾乎是你可以想到的他基本上都可以做到 (後續原理會在之後章節探討)。

在這邊要注重的是他除了可以生成這些多媒體資料以外，他同時也可以反向的去 "理解" 這些多媒體資料，也就是說他可以生成，同時也可以理解的意思。

1.2 為什麼比爾蓋茲跟馬斯克都說我們未來只需要工作三四天？

在當今時代，絕大多數職業領域的工作模式都展現出一個共通的特徵：大量的時間與精力被消耗在簡單且重複性高的任務上。這不僅拖累了工作效率，也抑制了創造力的發揮，還浪費了許多時間跟人力。然而，隨著 AI 的快速發展，這種狀況正在發生本質上的轉變。

AI 技術現已發展到令人驚嘆的層次，它不僅具備了類似於人類的感知能力，例如視覺和聽覺，還擁有處理複雜資訊的高效能力。

這種進步使得 AI 能夠滿足絕大部分的日常工作需求，從而徹底改變了工作方式和提升了生產力。

▶ 1.2.1 AI 可以看見，聽見，說出，對世界的想法

AI 不僅能夠處理文字訊息，還能夠分析視覺和聽覺訊息。

這意味著 AI 可以整合和分析來自不同來源的數據，比如圖像、聲音和文字。結合技術手段，如 AI 的記憶空間 (向量資料庫)，AI 能夠「理解」用戶的需求和行為模式，並創建用戶專屬個性化數據庫，從而更有效地協助用戶達成各種目標和任務。

ChatGPT 技術的革命性進步使得創建內容的成本大幅下降，同時生產速度實現了『質』的飛躍。

通過 ChatGPT 技術，原本需要花費數小時甚至數天才能完成的內容創作，如今僅需幾分鐘甚至幾秒鐘就能輕鬆完成。許多原本需要大量人力和時間投入的工作現在可以由 AI 以高效且低成本的方式處理。

以往做一張卡通圖案，專業設計師有可能需要 1-2 天才能設計出來，現在 AI 只需要幾秒鐘就可以生成出來，成本比專業設計師低 1 千倍。

特別是在 ChatGPT 的推動下，我們正在見證一種生產能力的重組。這種重組使得生產幾乎任何內容的成本降低到原來的千分之一，而速度則提高了 1 千倍。在這樣的背景下，原本需要人力投入的時間和成本可以轉交給 AI 來處理。

人們將有更多的時間去從事人與人之間的溝通、創意性工作。

▶ 1.2.2 每個人都是 AI 小老闆

通過簡單的指令，AI 可以自動執行從基礎的資料處理到複雜的創意工作等各種任務。它還能協助用戶追蹤進度和分析結果，從而大幅提升工作效率和品質。

在不久的將來，我們可以預見一個場景，在這個場景中，每個人都能夠成為自己的「小老闆」，運用 AI 作為助手來處理日常重複的工作任務，釋放出更多的時間用於創造性工作和人際溝通。這不僅預示著工作效率的革命，更象徵人與 AI 共同生活的新時代。

▶ 1.2.3 AI 與人共同工作

未來，很可能是人類負責 1% 的創意，AI 負責 99% 的汗水。

這種變化不僅意味著工作效率的提升，還涉及到工作性質的轉變。

在 AI 的協助下，人們可以將更多精力投入到那些機器難以模仿的領域，如創意思考、策略規劃和深層人際互動。

這不僅改變了工作的方式，還可能改變社會結構和人類行為的本質。在這個由 AI 支持的新時代，人類將有機會更深入地探索自己的潛能，發掘新的創意和創新的可能性。

1.3 世界正在分為兩種人：會用 AI 跟不會用 AI 的人

現在生活跟職場上掀起了一場 AI 風暴。

用 ChatGPT 工作跟沒有 ChatGPT 工作的人，差距越來越大。

隨著 ChatGPT 的不斷進步，可以做越來越多事情，創作的速度更快，更細膩，能處理的世界資訊越來越多 (影片 /3D/ 嗅覺 / 機器人) 等等。

未來的組織將變得更為精簡而高效，人跟 AI 協作將成為新常態，就跟現在人都用電腦在工作一樣。

愈來愈多的證據表明，ChatGPT 這樣的 AI 工具不僅能提高工作效率，還能增強工作能力。

在工作中輕鬆地運用 AI，可以很明顯提升工作效率與創造性，更快速完成工作跟帶領團隊。

尤其在 AI 早期階段並不是大家都會運用 AI 工具的時候，這個差距更明顯，所以要好好利用這個時候，在差距明顯的時候加速拋開其他人，搶得自己領先的地位。

▶ 1.3.1 AI 已經默默進入職場中了

一項由哈佛商學院近期進行的研究，對波士頓諮詢集團（BCG）758 名員工在使用 OpenAI 的 GPT-4 後的情況進行了分析。研究發現，在使用 GPT-4 進行諮詢任務的 BCG 員工，其工作效率顯著高於未使用該工具的同事。在 AI 協助下，這些諮詢師們在完成任務速度上提升了 25%，任務量增加了 12%，且工作質量提高了 40%。然而，這一成效主要體現在適合由 AI 處理的任務上。

目前，將 AI 用於簡化工作流程的最佳實踐，已經證明了 AI 在處理行政管理和重複性勞動方面的卓越表現。根據 Business Insider 的報導，多位專業人士分享了他們如何利用 ChatGPT 來處理日常的小型工作，以節省大量時間。

無論是招聘人員使用 ChatGPT 來整理公司和員工名單，房地產經紀人用它撰寫房源信息，還是市場營銷人員用它回答客戶問題，他們都發現將這些耗時的小型工作交給 AI 工具處理，能顯著提高工作效率。

使用 ChatGPT 等 AI 工具，讓一個人就能發揮出整個團隊的效果。

雖然工作量看似增加，但由於能夠隨時與 AI 溝通，這不僅推動了項目的進展，還省去了與人溝通的成本和不確定性。

未來，這種能力差距只會變得更加明顯。懂得運用 AI 的人擁有自己的 "AI 工具箱"，知道在什麼情況下使用哪些 AI 工具，以及什麼情況下需要親自處理。相反，那些不了解 AI 的人可能仍然認為 ChatGPT 僅限於聊天功能，從而與時代脫節。

▶ 1.3.2 ChatGPT 用聊天就可以操作 AI

這次 AI 技術的進步讓我們可以通過 "正常聊天對話" 來完成以往無法做到的事情。以前我不會畫畫、寫文案、寫程式代碼，但現在只需告訴 ChatGPT 我的需求，AI 就能幫我生成圖片、撰寫行銷文案，甚至編寫基本的程式代碼。這讓每個人猶如一夜之間掌握了任何需要的技能，而這些技能在過去往往需要多年的專心學習跟經驗才能掌握。但現在，只要會使用 AI 的人，就能夠擁有這些能力。

1.4 很多行業都值得用 AI 重做一遍

尋找可以用 AI 解決的問題

微軟 CEO Satya Nadella 曾說過 "所有行業都值得用 AI 重做一遍"，這象徵著 AI 在各行各業可以發揮的作用，就如同網路、手機、電腦一樣，賦予各行業全新的動能跟潛力。

30 年前曾經沒有人相信個人電腦會進入每個家庭，未來 AI 也會一樣，甚至會直接取代某些日常重複工作，在每個角落全方位幫助我們。

這邊的重做一遍的意思其實是 "原本工作 +AI "一起協同，就像微軟出的 Microsoft copliot 一樣，在原本的電腦作業系統、word、簡報裡面，加進了 AI 功能，讓我們可以更高效更有創意的產出效率。

現在已經有多很行業是從 AI 角度而出生，當 OpenAI 當機的時候，他們也都跟著當機了。

可以想像如果今天你是作家，突然把賴以為生的電腦拿走，叫你手寫一本書你能寫完嗎？ ChatGPT 已經是很多人今年維生的工具，這一年時間很多人跟公司突然變得重度依賴，這些例子都可以顯示，AI 好像一個超級引擎，如果突然沒了他，車子就跑不動了。

從行業角度來看，是目前公司跟團隊架構，當初創造的時候都沒有想到如果有 AI，這個崗位，這個工作任務，是否可以由 AI 來做？

站在這個角度，重新打造一個新的公司團隊，才是未來。

1.5 超級個人 AI 助理

當你將 AI 這雙翅膀加入到你要完成的任務和目標中時，你會發現效率大幅提升，而且能夠在最低成本下達到難以想像的成果。AI 因其極高的 "可控性"，這邊是指如果你有個未完成的任務，你知道 AI 隨時 Stand By，你可以預估他大概可以完成多少跟需要多少時間，這樣就會比較好排工作行程，排除人為不確定因素，讓 AI 成為了一個強大的助理。

你只需簡單地用聊天的方式描述出你的需求，AI 就能夠為你生成文案、圖片、影片、音樂、會計和法律文件，甚至創建網站。它就是一個超級小助理，深刻理解你的客製化的需求。

這代表一個人現在可以獨立完成所有事情。雖然這看起來可能很困難，但這正是未來會使用 AI 工具與不會使用 AI 工具的人之間的區別。

選擇和對的場景使用對的 AI 工具需要時間和經驗，尤其是考慮到大多數的 AI 工具都是英文的，中文的都是大陸的，需要實名認證，在台灣使用也不太方便。

面對網路上眾多的工具，如何選擇和使用這些工具成為了一大挑戰。懂得運用 AI 工具的人可以輕鬆地駕馭所有領域，甚至知道有哪些工具有免費開源的可以使用。而不熟悉的人則可能會慢慢摸索，甚至選擇放棄。

在未來的 AI 時代，問題不再是你是否掌握某項技能，而是你能否以及有多快能夠完成工作。

如果你擅長使用 AI，那麼你一個人就能夠完成所有的工作，提升職場競爭力跟生活品質。

1.6 我不懂寫程式怎麼辦？

以前的 AI，需要是天才科學家，會寫 Code，懂艱深的數學，還要有超級電腦。

現在 ChatGPT 只需要我們正常講一句話，在手機上，就可以跟他一起協同工作一整天。

ChatGPT 的目標就像名字 "Chat" 聊天一樣，是希望人用正常聊天的溝通方式去跟 AI 進行互動，當初 OpenAI 設計這個產品的初衷，就是要讓人可以用聊天的方式，去交待告訴 AI 想要完成什麼，讓 AI 幫助人完成複雜、花時間的地方。

像現在 ChatGPT 在手機上用對話就可以給他指令完成你需要產生的內容，譬如老闆跟你說給我一份關於特斯拉公司的介紹，你只要説一句話他就可以幫你馬上完成提交給老闆。

開會的時候如果需要會議紀錄，再也不用專心一直聽打筆記，只要有錄音，ChatGPT 可以把整段會議過程的聲音轉成文字，總結會議紀錄給你。

收到複雜的紙本報表，用手機拍一下，ChatGPT 就會把所有圖片裡面的資訊翻譯成文字整理給你。

你如果不方便講話，也可以打字讓 AI 幫你説話。

簡單來講，未來不會寫程式沒有關係，因為 AI 都幫你完成了，你只要一句話，他都可以比你自己更快速、更精準、更方便的完成任務。

1.7 如何打造 AI 思維？

▶ 1.7.1 什麼都先問 ChatGPT

首先，要培養的重要習慣是 "什麼都先問 ChatGPT"。

這個看似簡單的策略實際上需要逐漸養成。面對重複性高或耗時的問題時，向 ChatGPT 提問通常能夠迅速得到解答。我自己在許多情況下也發現，問問 ChatGPT 往往比自己摸索要快得多。ChatGPT 就像一本擁有全球知識的百科全書，為我們提供答案。常常我自己也還是會習慣性的去 Google 查資料，然後查了半天查不出來，突然想喔對直接問 ChatGPT 就好了，結果真的馬上就給一步一步的指導。

對於中小企業和新創公司來說，如何將 AI 技術融入日常業務，解決用戶問題是他們當前面臨的主要挑戰。未來的趨勢顯示，創意個人將能夠獨立創業，他們的員工大部分將由 AI 構成。剩下的核心員工需要學習如何與 AI 共同合作，提升公司整體效率。

我們必須學會擁抱 AI，理解 AI，並以 AI 為中心進行思考。

▶ 1.7.2　大任務拆成小任務

最有效的運用方式是讓 ChatGPT 把大任務拆解成小任務，會 "強迫" 大家運用這種方式去看待日常問題，問題會變得更有建設跟邏輯性，才能有效地得去跟 ChatGPT 溝通。

譬如我要怎麼把籃球打好？ 這種廣泛的問題會被拆解為問要怎麼訓練運球，傳球、投籃、耐力、彈跳力等等。

其實這個模式在工程裡面很像 System Engineering，把一個很大的問題拆成小問題，每個問題再單獨解決。

這種思維模式不僅提高了解決問題的效率，也促進了我們對 AI 在各個領域應用的深入理解。

這些日常用戶場景，只要我們用放大鏡去看，看出 100 個小任務，再從這些任務找出你能做的，AI 剛好又可以幫你做到的。

同時，我們需要調整對 ChatGPT 的期望，以適應它的實際能力和應用方式。許多人對 AI 的期待過高，認為它能夠像讀心術一樣理解使用者的需求，但事實上如果給他一個很發散的大任務，對 ChatGPT 來講他的回答也會很發散，就會跟你實際需要他完成的 "小任務" 不一樣了，AI 並不是神，也無法了解你心裡想要他做的，你必須明確的讓他知道你想要他完成的小任務是什麼，他才可以正確的回答。

所以有效利用 ChatGPT 類似於系統工程學的應用，將大問題分解為小問題，分別加以解決。此外，AI 具有無限的耐心，這在人機互動中是一大優勢。與 ChatGPT 互動時，它可以迅速整理你的思路，並在幾秒內提供回應。

這種即時反饋比傳統從零開始創作的方式更有效率，不用從一張空白紙或白版開始。

在這個資訊碎片化的時代，AI 可以幫助我們迅速結構化和整理思考，這對於提高創造力和效率至關重要。

▶ 1.7.3 學會問問題

在 AI 時代要變成很會問問題的人。 我身邊週遭很多朋友都是玩 ChatGPT 一下子，就算已經變 Plus 會員，還是放棄。基本上媒體報導跟社群把 ChatGPT 有點神化了，用戶期待很高，覺得 ChatGPT 會讀心術一樣，我問問題他應該就要心電感應的去理解我在想什麼吧？ 但不知道怎麼用 ChatGPT 馬上就會期待落空。就覺得 ChatGPT 好爛。

核心做到這件事情的點是把大任務拆成小的給不同 AI Agent(AI 代理) 去解決。在 AI 時代很多時候其實人也可以照這種方式去思考，

把能力、業務，拆的更細一點去給 AI 解決，譬如打籃球是個技能，但籃球裡面包含運球、傳球、投球等等。

你單獨去訓練籃球這個技能其實對 AI 來講他是無法變很強，但你叫他變成一個投籃或傳球高手，他就會很專長在那個子技能了。用這個角度去切入並且應用在生活就會發現 AI 真的能做很多事情，然後也會發現 AI 做不了的地方，再去想解決辦法。

在 AI 時代，可以加速把腦中想法落地實現出來，譬如 ChatGPT 打一句話，三秒內他就可以幫你整理思路。你覺得有問題或是怎麼樣再深度溝通，這種方式其實比寫筆記好，畢竟寫了你只是把你想法記下來，並沒有時間去思考跟整理好它，但 ChatGPT 只要花 2-3 秒就可以幫你想好跟架構好邏輯，你看了也只需要幾秒鐘。

其實在這碎片化資訊的時代裡面，我們大概也就只有這幾秒的注意力了，AI 可以幫你把腦中的想法迅速的結構化整理給你。

▶ 1.7.4 AI 有無限耐心

這個好像很理所當然的事情，但如果把 AI 當作人這樣相處的時候，就會變得很特別了，因為沒有任何人可以給你無限問同個問題而不被煩死，跟 ChatGPT 溝通的時候，如果有需要學習的東西，你會發現他有無限耐心的教你，甚至有許多研究指出他的回答比人更有同理心，畢竟他可以隨時站在你的角度去設想你的感受，這點 AI 的特色會是未來 AI 研究跟應用的重要方向，譬如小孩教育、病人、年長者陪伴。

▶ 1.7.5 用 AI 的思考方式去理解世界

ChatGPT 是在模仿人腦去理解世界，我們則要相反去用 ChatGPT 的腦袋理解它如何去理解世界。

無需深究那些複雜的數學理論，關鍵是理解對於像 ChatGPT 這樣的人工智能而言，所有類型的資訊無論是文字、圖像、視頻還是音頻──都通過一種名為 Transformer 的機制，轉換並在向量空間 (AI 處理資訊的空間) 中進行運算，在裡面找出相關性跟含義並轉化為文字。

這種過程讓我們用全新的方式來看待世界上的問題，將觀察到的一切轉化為文字。日常生活中遇到的每一件事，都能成為激發靈感和思考的源泉。結合書本中所學的工具，會不斷地讓你創造新的東西跟走在世代前面。

總之，在 AI 能力面前，所有重複性的工作都顯得微不足道。我們應該更多地花時間思考，善用 AI 工具，從而在這個快速變化的時代保持領先。

02 | AI時代2023世紀爭霸戰

2.1 ChatGPT 橫空出世

AI 技術的發展

AI 技術經歷了從理論誕生到商業化實踐的整個過程。

20 世紀 50 年代，AI 概念由圖靈等科學家正式提出。1956 年，第一個 AI 實驗室在英國達特茅斯會議後成立，標誌著人工智能研究的正式開端。其後 AI 經歷了多個起伏循環，包括 60 年代的 "冬天" 和 80 年代的 "復興"，直到 21 世紀，隨著機器學習、大數據和雲計算技術的進步，AI 進入了一個全新的發展階段。

從技術上看，深度學習是當前 AI 浪潮的核心動力。其基礎是人工神經網絡，通過模擬人腦進行圖像、語音及語義的理解。

例如，卷積神經網絡 (CNN) 在圖像識別領域取得了突破性進展。近年強大的計算能力突破使超大型語言模型成為可能。

如 OpenAI 的 GPT 模型，在多種語言任務上展現了前所未有的能力。在自然語言處理任務上，AI 的準確度已經可以和人類媲美，例如在機器翻譯和語音識別方面。

在商業化方面，AI 應用也日益廣泛，從傳統互聯網到製造業都開始 AI 化轉型。

以推薦算法、智能客服等為代表的互聯網 AI。像 Netflix 的個性化推薦系統，和亞馬遜的智能客服機器人。

此外，在製造業，工業視覺檢測等機器人 AI 技術正在改變傳統生產線的工作方式。隨著 5G、物聯網的加速演進，例如智能家居和自動駕駛汽車，嶄新的應用場景也在不斷湧現。

ChatGPT 是 AI 玩遊戲發明出來的？

OpenAI 從創立第一天開始，一直以來的使命就是研究 AGI（通用人工智能）。

當初不知道這個研究路徑到底怎麼開始。這一局面在與微軟和 Nvidia 合作開發 AI 平台「OpenAI Universe」後開始轉變。該項目著重於利用遊戲來模擬和訓練 AI，開啟了一條創新之路。

OpenAI 官方網站 Dota2 團隊

團隊深知，要訓練出高效能的 AI，最佳方式是在一個充滿挑戰、規則複雜、元素眾多、環境多變的場景中進行。因此，他們選擇了當時最受歡迎的多人遊戲，DOTA2。作為一款多人線上戰鬥競技遊戲，DOTA2 要求 AI 不斷學習和進化才能獲勝。與象棋或圍棋這種全訊息遊戲不同，AI 需要根據不完全的信息進行推斷，這增加了訓練的複雜度。

遊戲的不斷變化、快速進行的規則以及遊戲角色的多樣性，為 AI 提供了一個近似現實世界的混亂和連續性的訓練環境。這不僅提高了 AI 的適應能力，也增強了其捕捉並處理複雜情境的能力。

在這條看似莫名的彎路上，他們的 AI 成功打敗了 DOTA2 的世界冠軍隊伍，這不僅是他們的第一個大型項目，也為 ChatGPT 等後續 AI 技術打下了堅實的基礎。

從蒸汽機到 AI：歷史工業革命的演進

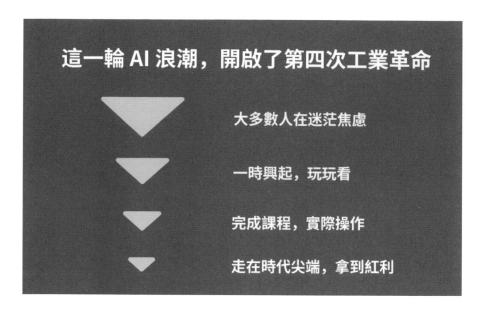

第一次工業革命：蒸汽機的時代

這一時期，蒸汽機的發明和普及標誌著人類歷史上的一次重大轉變。蒸汽機不僅代替了人力和畜力，還引領了整個製造業的革命。

它使得工廠能夠大規模生產各種商品，從紡織品到金屬製品，從而大幅提高了生產效率和產量。此外，蒸汽機也對交通運輸產生了深遠影響，蒸汽火車和蒸汽船的出現大大縮短了旅行和貨物運輸的時間，從而使遠距離貿易和人員流動成為可能。

第二次工業革命：電力的興起

隨著電力的發現和應用，人類社會進入了第二次工業革命。這一時期，電力成為了工業生產和日常生活中不可或缺的一部分。

電燈的發明改善了夜間的照明條件，延長了工作時間，提高了工廠的生產效率。電動機的應用使得工廠機械更為強大和靈活，流水線生產方式的出現進一步提高了製造業的生產效率。在交通領域，電車和地鐵的出現改變了城市交通的面貌。

而電報和電話的發明則標誌著通訊技術的一大飛躍，使得人們能夠幾乎實時地跨越遠距離進行通信。

第三次工業革命：網絡資訊時代

隨著計算機和互聯網技術的發展，世界進入了第三次工業革命，即信息技術革命。計算機和互聯網的普及徹底改變了信息的儲存、處理和傳播方式。人們能夠通過電腦和移動設備實時訪問全球信息，這不僅改變了工作方式，也讓教育、娛樂和社交方式發生了根本變化。電子商務的興起使得購物方式更加多樣化和便利，而社交媒體的出現則重新定義了人際交流和資訊分享的方式。

AI 與新世紀的來臨

2023 年 3 月，ChatGPT 的出現標誌著進入 AI 和 GPT 的新時代。

這一時期，AI 技術的發展和應用將對人類社會產生深遠的影響。

AI 不僅在數據分析、決策支持和自動化領域展現出巨大潛力，它還在醫療，教育，金融等多個領域發揮著重要作用。

GPT 等大型語言模型的出現，使得 AI 能夠更加精準地理解和生成自然語言，從而在客服、內容創作、語言翻譯等領域取得了重大進展。進入這個新時代，我們每個人都需要重新思考和調整自己的學習和工作方式，以適應 AI 時代的變革。

這不僅對當代人有著深遠的影響，也將影響我們的下一代。正如過去兩百年中新科技不斷推動工業革命一樣，AI 的發展將是引領我們進入一個全新世界的關鍵。

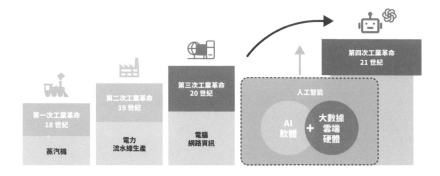

2.2 全世界專注在 AI 領域

隨著 ChatGPT 的爆炸性流行，AI 技術已成為國際科技巨頭競爭的新戰場。這些企業紛紛轉向專注於 AI，期望在未來 20、30 年的市場中保持領先地位。他們的策略包括提升算力、將 AI 技術與自家產品融合，甚至擴展至雲端服務，每一環節都至關重要。

無論是戰略性投資還是跨界合作，目的都是為了在 AI 產業鏈中占有一席之地。Nvidia 英偉達在這場以算力為核心能源的戰鬥中取得了領先。各大廠商都在開發自己的 AI 技術，不僅為了強化產品，跟提升 AI 模型能力 (越多數據給模型訓練，模型會變得更好，變成模型能力的護城河)，同時也是為了構建一層保護屏障，邊提升自己也要同時在戰略角度在 AI 市場整塊大餅去佈局，分一塊肉。

雲端服務商提供大型 AI 模型以滿足用戶需求，無論是自主研發還是合作開發。AI 技術雖然重要，但仍需在雲端運行，因此雲端平台與更多 AI 技術的結合將吸引更多用戶，從而提升整體表現。

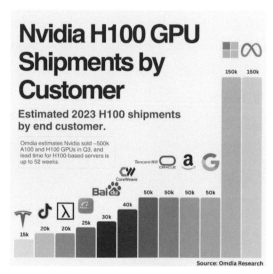

來源 :Omedia Research

每個大廠都有各自的 AI 了。某個程度是為了賦能自家產品跟做成一個保護防禦層面。

雲端廠商也要提供 AI 大模型讓他們用戶使用，不管是自己的還是跟別人合作的，雖然 AI 是 AI，但畢竟還是要在雲端上運行的，所以雲端跟越多 AI 配合，會越多人想使用那個雲端，整體效率也會跟著提升。

開源模型 vs 閉源模型

在當今 AI 技術的發展中，開源和閉源模型各具特色。開源模型體現了技術共享的精神，允許用戶自由訪問和修改。這些模型促進了廣泛的使用和創新，多數模型對公眾免費開放，商業應用則可能需特別授權。開源文化加速了 AI 技術的發展，並促進了全球研究社群的合作。

相對於開源，閉源模型如 ChatGPT 被認為是更高級的解決方案。這些模型就是黑盒子，其具體運作機制對用戶不透明。閉源模式在保護知識產權、確保技術創新的獨特性和商業價值方面發揮著關鍵作用。

當前 AI 時代的一個特點是開源模型的流行。這促進了全球範圍內的合作和共享，使不同背景的人都能參與 AI 模型的訓練和優化。開源社區如 Huggingface 為愛好者提供了平台，這種開放和透明的環境不僅提升了 AI 技術水平，也使企業在處理安全問題時更加放心。

開源和閉源模型在 AI 時代扮演著互補的角色。開源模型通過鼓勵創新和協作推動了 AI 技術的快速發展，而閉源模型則確保了技術的專業性和商業價值。

為什麼 AI 上面是競爭對手還要互相投資？

舉 Claude 為例，Google 本身是早期投資人，但亞馬遜後面投資 40 億美金，後面 Google 又追加 20 億，但 Claude 到底在哪個隊伍？ 又或者微軟同時支持 Meta LLama2 跟 ChatGPT，微軟到底挺誰？

每家大型科技公司都已開發出自己的 AI 模型，這不僅是為了增強自家產品的能力，也是為了在競爭激烈的市場中建立一層保護。這種自主開發的趨勢，反映出企業對於擁有尖端技術的追求。

更深層的策略正在於雲端服務商和 AI 模型之間形成的獨特聯盟。雲端服務商如微軟、谷歌、亞馬遜等，不僅提供自家的 AI 大模型給用戶使用，而且積極與其他 AI 模型開發商合作。這種跨界合作的原因在於 AI 技術的本質，無論 AI 模型多麼先進，它們最終都需要在雲端平台上運行。

隨著越來越多的 AI 模型被部署在雲端,這些平台變得更加吸引用戶,從而創造出一個雙贏的局面。

用戶可以通過雲端平台輕鬆訪問各種 AI 模型,而雲端服務商則因提供這些服務而吸引了更多的用戶和流量。這就解釋了為什麼即使科技巨頭各自擁有 AI 模型,他們仍然選擇投資或與其他 AI 技術公司合作,這種策略不僅擴大了他們的技術範圍,也加強了他們的雲端平台的市場吸引力。

這種跨企業的合作並非單純的競爭關係,而是一種共生共贏的策略。雲端服務商透過支持多樣化的 AI 模型,不僅提升了自身平台的價值,也推動了整個 AI 領域的創新和發展。

AI 技術的全球影響力與快速監管

與過去的新技術如區塊鏈、AR/VR、新能源和電動車相比,全球對 GPT-4 的態度顯示了 AI 技術的獨特性。自 GPT4 推出後,全球都在認真看待這項技術,沒有懷疑的階段,只有迅速接受和擁抱。

企業不能落後於 AI 的應用,就像數學考試中同學有計算機而自己沒有一樣。各國政府也迅速開始監管,無黨派政治或利益關係,大陸、美國、歐盟、日本都已實施相關法案。企業與 AI 技術的合作成為常態,如亞馬遜與 Anthropic 的合作,進一步凸顯了雲端服務提供商和 AI 廠商戰略和資源整合的價值。

目前,GPT-4 推出半年後,全球科技巨頭已準備好進入這場戰爭。中國和美國對 OpenAI 和 Nvidia 的晶片實施制裁,顯示出 AI 技術已達到國家政府軍事儲備級別的重要性。

AI 技術與 "技術驅動產品" 的理念

儘管 AI 技術是改變產業和社會的主要動力,但最終仍然依賴於 "技術驅動產品" 的理念。這意味著不僅是底層技術在迅速發展,這些技術也在積極推動產品和應用的創新。

像電、蒸氣機、網路、3G 等技術一樣，最終成功的公司都是那些利用技術為用戶提供價值和服務的企業。

2.3 AI 產業鍊全局概觀

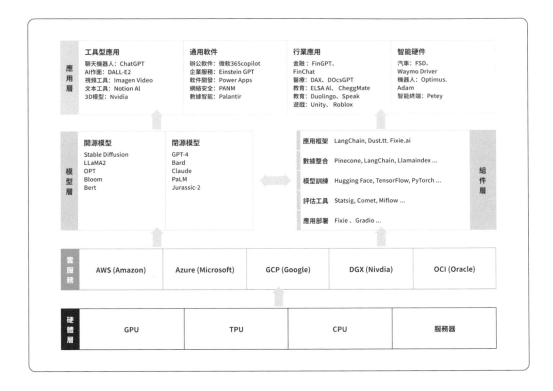

現在 AI 產業鍊其實關係就如上方這張圖。

最下方的硬體層就是 Nvidia 的 GPU 跟 Google 的 TPU(Google2015 自己研發的 AI 算力卡) 為主，這部分去提供整個 AI 產業鍊的算力能源。

這些算力首先會先支撐所有市面上 Google/ 微軟 / 亞馬遜甚至 Nvidia 本身自己的雲服務，這些雲端服務會做好基礎建設讓用戶方便使用算力。

這些第一線的大客戶就會是 AI 模型廠商，譬如 GPT、Meta 的 LLama2、Google Bard、Claude 等等。 除了這些 AI 模型以外，還有另外一個部分是模型訓練或 AI 技術服務商，像 Huggging Face 是全世界最大的開源模型商，大家可以調整跟上傳自己的模型上去。或者其他 AI 技術服務商，讓最終端使用者可以更方便操作模型。

最後就輪到應用層像 ChatGPT、Microsoft Copilot、Midjourney、Character AI 等等。

但這只是戰略的表面層，底下其實錯綜複雜，很多廠商同時做了 AI 模型商跟應用層，就像 OpenAI 或微軟一樣。

除了商業上大家都想在每個層面分杯蛋糕以外，同時技術上如果同個 AI 橫跨不同層面，對 AI 來講他的算力跟速度會更快，同時成本也會更低。

AI 模型即是產品

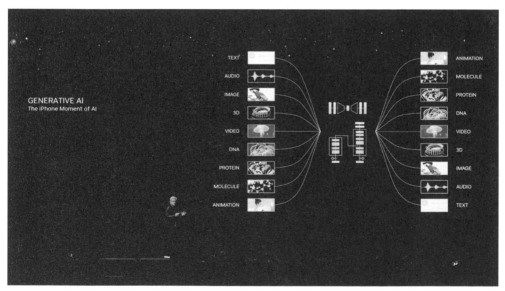

Nvidia 黃仁勳 2023 8 月 SIGGRAPH 演講

AI 模型已經強大到每次升級都可以讓原本在同個維度的產品直接陣亡了，當 AI 模型進行能力層面的升級，他的能力本身就已經是個產品了。

而且 AI 模型升級的速度甚至比產品開發的速度還快，這在以前是前所未有的情況。 譬如手機網路 4G 升級到 5G 大概花了 10 年的時間，原本的 iPhone app 只有文字圖片發送，直到快 5G 時代才有抖音這種短視頻的 APP 出現，是因為技術上需要趕上來才能讓短視頻順暢的在手機播放。

模型升級就好比 4G-5G 一樣的 "科技能力" 層面的升級，原本很酷的產品，會馬上變成石器時代的東西感覺，這個速度又是在幾個月就可以發生一次。變得大家用 ChatGPT 就好了，而且速度越來越快，突破性也越來越難想像會變成什麼樣子，這就是 AI 時代的威力。 我們在用前所未有的速度去推進科技，全世界都在適應這種節奏。

2.4 AI 的算力來源 -Nvidia 硬體霸主

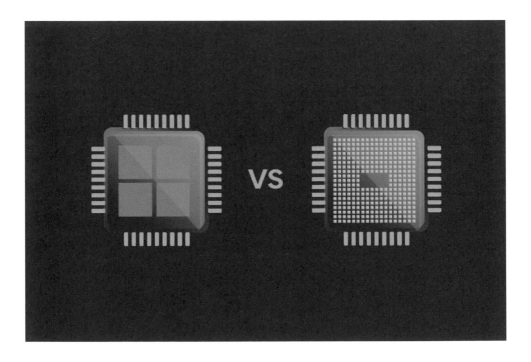

ChatGPT 的算力需求與傳統電腦有顯著不同，這主要源於它們運算原理的根本差異。傳統電腦基於二進位運算，這意味著它們的處理器（CPU）執行的計算是基於 0 和 1 的模式。這種二進位計算模式是過去 50 年來電腦技術的核心,它在處理簡單、順序的計算任務時非常高效。然而,隨著技術的發展,尤其是在 AI 領域,這種傳統計算模式面臨了新的挑戰。

ChatGPT 和其他類似的深度學習模型,其運算需求與傳統電腦截然不同。這些模型依賴於稱為"矩陣"的數學結構來處理和學習數據。在 GPT 的情境下,矩陣運算涉及到大量的平行計算。這是因為深度學習模型,如 GPT,需要處理和分析龐大的數據集,這些數據集通常以多維矩陣的形式存在。舉個簡單的例子,當 GPT 進行語言生成或理解時,它需要同時計算成千上萬個不同的矩陣元素,這些計算需在短時間內高效完成。

要實現這樣的計算,需要從根本上重新思考電腦運算的架構。這就是為什麼 Nvidia 等公司在過去十多年中投入大量資源開發專為 AI 設計的運算架構,如 CUDA(Compute Unified Device Architecture)。

CUDA 是一種編程模型和軟件環境,能夠讓開發者使用 Nvidia 的 GPU(圖形處理單元)來進行高效的平行計算。在 AI 和深度學習領域,GPU 比傳統的 CPU 更有優勢,因為它們能夠同時處理大量數據,這對於訓練和運行像 GPT 這樣的複雜模型至關重要。

Nvidia 開發了專為 AI 和深度學習設計的超級電腦 DGX。這種超級電腦利用了 CUDA 架構和強大的 GPU,能夠執行高度複雜和數據密集型的運算任務。這對於 ChatGPT 這樣的模型來說是至關重要的,因為它們需要大量的計算資源來訓練數據和生成回應。DGX 系統通過提供必要的算力,使得 GPT 模型能夠更快地學習和更準確地預測,從而推動了 AI 的發展。

ChatGPT 對算力的需求展示了 AI 領域與傳統計算之間的根本差異。這種差異不僅在於所需的計算類型,也在於實現這些計算的硬件和軟件架構。隨著這些先進的技術的出現和發展,我們正見證著一場由深度學習和 AI 驅動的計算革命。

黃仁勳送給 OpenAI 世界上第一台超級電腦 DGX-1 (來源 :Nvidia)

來源 :Nvidia

2.5 AI 社群網路架構

Progression of Networks

Pre-AI Network

WEB 2.0 NETWORK
E.G. FACEBOOK

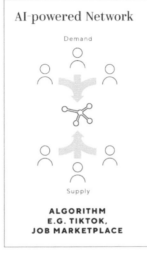

AI-powered Network

Demand

Supply

ALGORITHM
E.G. TIKTOK,
JOB MARKETPLACE

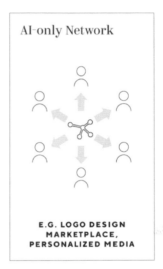

AI-only Network

E.G. LOGO DESIGN
MARKETPLACE,
PERSONALIZED MEDIA

Source(Greylock Partner-Product led AI)

1. Pre-AI Network → 人與人和企業的聯繫

2. AI-Powered Network → 人們通過 AI 算法發布消息和消費內容

3. AI-Only Network → 人工智能為每個人創造個性化內容

我們可以看到 Pre Ai Network，人與人之間的聯繫關係是透過中心化網路公司像 Facebook 跟 twitter 是在 web 2.0 的時候出的，這些公司提供服務幫助人跟人之間的網路社交屬性連結。

AI 算法驅動的內容匹配平台。像抖音、Uber 這種用演算法去匹配用戶需要什麼，喜歡什麼，把適當的內容或車子派給你。

最後就是未來的 AI 生成網路架構將致力於為每個人創造個性化內容。當前，科技界正積極投資於大型 AI 模型和爭奪 GPU 資源，這些都是為了構建這樣的未來基礎設施。這個趨勢預示著一個重要的轉變：AI 與人之間的關係將變得更加密切和個性化。

在這個新時代，傳統的「平台」概念將逐漸淡出。過去，像 Uber 這樣的平台面臨「先有雞還是先有蛋」的問題，即它們需要同時吸引司機（供給方）和乘客（需求方）才能成功運營。然而，在 AI 驅動的生成內容網路架構中，這種問題不再存在。

有了強大的 GPU 和先進的 AI 大模型，創建個性化內容的供應端已經得到充分的支持。這意味著這種架構能夠獨立於傳統平台模式運作，為用戶提供量身定製且高度個性化的服務。

隨著這些技術的成熟，AI 不僅能夠為用戶生成專屬的內容，還能實現這些服務的規模化。這種發展將徹底改變我們與數字內容的互動方式。

用戶將不再被動地接收通用內容，而是能夠享受由 AI 量身打造的獨特體驗。

2.6 AI 迷你 10 億美金獨角獸公司

在 AI 時代，連公司架構都跟著有明顯的變化。

當 AI 技術被企業團隊廣泛理解和應用時，即使是超級迷你的團隊，也能夠憑藉 AI 的強大槓桿效應成長為獨角獸公司（估值超過 10 億美元）。例如，AI 生圖的 Midjourney 團隊不到 10 人，Pika Labs 的團隊更是少於五人。

這種現象背後的原因在於 AI 技術如何提高工作效率。AI 工具和平台能夠自動處理繁瑣的數據分析工作，使得小團隊能夠專注於創意和創新，從而用更少的人力資源達到更大的成就。

隨著這種新型團隊結構的出現，矽谷的創投界也開始調整其投資策略。投資者意識到，他們不再需要投入巨額資金於大型團隊，而是可以將投資分散於多個高效能的小型 AI 團隊，以此降低投資風險。這種策略轉變反映了 AI 技術在降低創業門檻和提升創新速度方面的潛力。

此外，AI 團隊的另一特點是對算力的依賴，這使得它們從一開始就必須尋求盈利，與過去的燒錢模式形成鮮明對比。在 AI 時代，與其依靠傳統的網路效應（即產品越受歡迎，其價值和吸引力越大），企業更加注重創建個性化的"數據飛輪"。這意味著隨著用戶使用產品的時間增長，AI 系統會越來越了解用戶的偏好和需求，從而提供更加量身定製的服務。

這種轉變對創投資本的資金分配和投資組合產生了重大影響，要求投資者重新思考如何最大化其投資的效益。

AI 的力量正在重塑商業世界的面貌。它不僅讓創業者擁有了前所未有的效率和創新能力，還為他們提供了來自各行各業的專業 AI 支援。

未來，我們甚至可能看到個人創業者借助 AI 技術，打造出獨角獸級別的公司，從而開創屬於 AI 時代的全新商業模式。

03 | AI的故事從OpenAI 創辦人Sam Altman 說起

3.1 ChatGPT 創辦人 Sam Altman 是誰？

Sam Altman 是矽谷網路創業圈的老大，Y Combinator 前任總裁，World Coin（世界幣）創辦人，OpenAI 創辦人。

他的旅程起源於對技術的早期熱愛，成長於密蘇里州的聖路易，八歲開始探索電腦編程和硬件，早早埋下了他未來創業的種子。

他在史丹福大學期間輟學，與同學共同創立了 Loopt，這個社交定位服務最終以 4300 萬美元的價格被出售，為他打開了創業之門。成功之後，他加入了 Y Combinator（YC），一家轉型時期的創業孵化器，在 2011 年成為兼職合夥人，並於 2014 年擔任總裁。在他的領導下，YC 支持了眾多成功公司，如 Dropbox、Airbnb 和 Reddit，並不斷發展和完善其創業生態系統，成為全球頂尖的創業平台。

YC 的聯合創始人 Paul Graham 發現了 Altman 獨特的戰略眼光、遠大的志向和堅韌不拔的毅力。當時有人這樣評價 23 歲的 Altman："你把他丟到一個充滿食人族的島上，五年後再去看，他可能已經成了那裡的國王。

Sam 的角色不僅是傳統意義上的投資者，他深刻理解創業文化，並對技術創新有遠見，成為創業家的導師和靈感來源。他對硬技術的投資，包括核裂變和聚變新創公司，顯示了他對未來 AGI 來臨時需要準備的能源支援的信心和對未來潛力的認可。

在 YC 工作期間，Sam 與 Elon Musk 一起認識到通用人工智能（AGI）的潛在風險，促成了 OpenAI 的成立，這是一個開創性的非營利組織，旨在保護人類免受 AGI 意外後果的影響。

Sam 的工作和影響不僅限於傳統角色，他不僅是一位投資者和創業孵化器的領袖，還是一位對未來科技方向有深刻洞察的思想家。他的影響遍及整個技術生態系統，從硬件到軟件，從創業文化到人工智慧的倫理問題。

他是一位時代的塑造者。他的影響力廣泛影響著整個技術界，從 YC 孵化的創新企業到開創 AI 新時代的 OpenAI。他的遠見不僅推動了技術創新，還重塑了全球的經濟和社會結構。在未來數十年，通過 YC 孵化的團隊，無論是在我們的日常使用的網站跟 APP 還是我們與 AI 互動的方式，Sam Altman 的影響都將持續被放大。

3.2 全世界最大天才矽谷創業中心 Y Combinator

Y Combinator(YC) 於 2005 年由 Paul Graham、Jessica Livingston、Trevor Blackwell 和 Robert Morris 共同創立。然而，是 Sam Altman 的加入和領導，使 YC 從一個創業孵化器轉變為全球創業精英的搖籃，全世界有很多名校如哈佛、MIT、史丹佛，但 YC 卻是全世界創業家想去的聖地，錄取率不到 1%。

Sam Altman 在 28 歲時的時候就在 2014 年成為 YC 的總裁，帶來了他對技術和創業的深刻理解，這極大地豐富了 YC 的策略和方向。當時候 YC 總裁候選名單只有一人而已，沒有其他人選，就是 Sam Altman。

YC 不僅僅關注資金的投入，更重視創業者的全面發展。Sam 的願景是建立一個環境，在這裡創業者能夠學習，成長並將他們的創新想法轉化為成功的企業。他推動了一種基於社群和合作的文化，強調創業者之間的互助和經驗分享。

重塑創業孵化模式：Y Combinator 的獨特方法

YC 採用了 "批次" 孵化模式，這種模式每年選擇數百個創業項目進行密集孵化。Sam 強調了對創業者提供持續指導和資源的重要性，包括工作坊、講座和一對一輔導，這些都是由業界資深人士和成功創業家親自執教的。

這 10 年他們孵化了一系列全球著名的初創公司，如 Airbnb、Dropbox、Stripe、Coinbase、Reddit。這些公司不僅改變了他們各自的行業，也成為全球創業界的典範。基本上我們日常使用的網站，APP 都跟他們有某種程度的關係，不管是投資還是從 YC 畢業出來創業的公司。

如果說 AI 會改變我們未來 10 年、20 年，那 YC 是改變我們前 20 年過網路生活日子的最大推手。

2023 年 YC 的團隊有超過 7 成都是 AI 相關創業題目，相信我們未來的生活也都會因為 Sam 跟 YC 而變得更好。

YC 不僅是投資者和孵化器，更是創業文化的塑造者。他強調快速迭代，對用戶需求的敏感性以及最小可行性產品（MVP）的概念，這些都成為了現代科技創業的核心原則。Sam 的這些觀點不僅影響了 YC 內部，也對整個創業生態系統產生了深遠影響。

OpenAI 所有合作的對象譬如我們付費的刷卡系統 (Stripe 世界最大的線上支付平台) 是 YC 的，Zapier 第三方自動化軟體也是 YC 投資的公司，基本上一開始很多 ChatGPT Plugin 的合作公司都是 YC 體系出來的。

3.3 OpenAI 的故事

2015 年，Sam Altman，當時還在當 Y Combinator 的總裁，在 Rosewood Sand Hill 舉行了一場獨特的私人晚宴。這場晚宴的嘉賓陣容可謂星光熠熠，與會者都是科技和投資領域的重量級人物。他們聚在一起，討論一個熱門話題：Google 收購 DeepMind 對未來 AI 發展可能的影響。

DeepMind 作為一家前沿的人工智能公司，它的技術有可能引領通用人工智能 (AGI) 的發展，而 Google 的收購則可能使該公司在這方面處於領先地位，甚至形成技術壟斷。這個前景促使 Sam Altman 思考如何應對這一潛在威脅。

這促使他決定與 Elon Musk 聯手，共同創立一家非營利組織來應對這一挑戰。Elon Musk 早期曾對 DeepMind 進行投資，但在 Google 的收購後選擇離開。於是，他與 Peter Thiel(Facebook 第一個天使投資人，也是跟馬斯克一起創辦 Paypal 的矽谷創業家) 一起找 Sam Altman 合作，共同創辦了一家新的 AI 公司，這家公司就是如今廣為人知的 OpenAI。

在成立初期，有了 YC 校友資源跟 Elon Musk 的人脈，創辦時就有兩位大將 Greg Brockman(Stripe 前任 CTO，Stripe 是 YC 孵化器出來的公司) 跟 Ilya Sutskever(馬斯克從 Google 挖來的)

在 OpenAI 的創始團隊中，Sam Altman 帶領下的團隊展現出了 Y Combinator 的產品開發文化，快速疊代和 AI 實驗進展 (MVP 最小可行性產品)，迅速打造一個引人注目的演示，吸引一小批熱衷的用戶，根據他們的反饋進行改進。將產品推向市場。如果幸運並且方法得當，最終可以吸引大量用戶，引發媒體炒作，並籌集巨額資金。Greg Brockman 在接受《時代》雜誌採訪時提到，這是他們的一部分動機。"我們知道我們需要籌集更多的資金，"他說，"而構建 AI 產品無疑是一個清晰的途徑。

OpenAI 的目標始終是向著通用人工智能（AGI）邁進。盡管早期團隊對於如何實現這一目標並不完全清楚，但他們通過探索不同的應用場景，最後竟然在 Dota2(一個 5 對 5 的多人線上戰鬥遊戲) 找到了方向，因為 Dota2 遊戲的複雜性可以更好捕捉現實世界中的混亂跟連續性，讓 AI 可以訓練出更廣泛的通用性，當時需要大幅提高能力才能獲勝。因此成立了新項目叫 "OpenAI FIve"，五個 AI 在線上直播打贏世界冠軍。

2018 年，OpenAI 發表了一篇論文《通過生成式預訓練提高語言理解》，引入了生成式預訓練變體（GPT）的概念。隨後，OpenAI 開發了 GPT-1、GPT-2 和 GPT-3 等一系列語言模型，並在不同領域取得了顯著成果。

然而，隨著 GPT-2 的強大能力被發現，OpenAI 決定不向公眾發布該模型。他們擔心 GPT-2 可能被用於編寫詐騙電子郵件或制造虛假新聞，這可能導致嚴重的社會問題。這一決策體現了 OpenAI 對人工智能潛在風險的關注和責任感。

同時，Elon Musk 在 2018 年離開了 OpenAI 董事會，他對 OpenAI 過於關注商業應用而不是與人工智能相關的風險表示擔憂。這一事件也反映出 OpenAI 在追求人工智能發展的同時，需要平衡商業利益和社會責任的關系。

2019 年，OpenAI 做出另一個備受爭議的決定，轉型為 "利潤上限" 組織，該公司盈利上限為 100 倍，並成立了 OpenAI LP。這一轉變使得 OpenAI 能夠獲得更多的資源和投資，加速通用人工智能的研究和發展。微軟向 OpenAI 投資了 10 億美元，並允許其在 Azure 雲服務上進行訓練。作為回報，微軟獲得了 OpenAI 的部分人工智能知識產權。

2021 年，OpenAI 發布了 DALL-E，一款使用與 GPT-2 類似架構的人工智能系統。DALL-E 不僅可以生成文本，還可以創造出看似憑空出現的逼真圖像。這一技術的出現為人工智能領域帶來了新的突破和可能性。

2022 年，OpenAI 再次推出 GPT-3，這是前兩個模型的迭代版本。GPT-3 在訓練過程中使用了 45TB 的文本數據，這些數據被轉換為 175B 個參數。與之前的模型相比，GPT-3 更加智能、快速和強大。

在 2022 年 11 月 30 日，ChatGPT 正式上線。微軟在 2023 年初再次加碼投資 OpenAI 130 億美元，持有其 49% 的股份。這一舉動進一步鞏固了 OpenAI 與微軟在人工智能領域的緊密合作關系，並為未來的通用人工智能發展注入了強大的動力。

GPT-1 能夠基本拼湊句子，它是基於約 7000 本書的文本訓練的。

GPT-2 能夠基本回答問題，它是基於 800 萬個網頁訓練的。

GPT-3 則能夠接近於寫詩，它是基於網路，書籍和維基百科中的數千萬字詞訓練的。

在 2022 年 8 月，OpenAI 成功研發了 GPT-4，引發公司高層討論是否該配備一個簡潔的聊天界面來發布此技術。Sam Altman 擔心此舉將造成轟動。

他建議先發布 GPT-3.5 版本的聊天機器人，以便大眾漸漸適應，隨後數月後再推出 GPT-4。在 OpenAI，決策過程往往涉及長時間討論及高層共識，Sam Altman 受採訪時，他回想起自己當時只是在 Slack(網路公司常用的通訊軟體)

上發送的訊息，決定就按此方案進行。在 GPT-4 於 11 月 30 日發布前的一次
創意會議中，Altman 將項目暫名 Chat With GPT-3.5 改為更精簡的 ChatGPT。

接下來的發展超乎 OpenAI 預期。ChatGPT 在短短五天內用戶數突破 100 萬。
如今，ChatGPT 已達到 1 億用戶，Facebook 當年花了 4 年半才達到這一成就。
瞬間，OpenAI 開啟了 AI 時代序章。

04 | 開始懂AI的第一步

4.1 AI 跟 ChatGPT 的關係？

在當今迅速發展的技術世界中，人工智能（AI）已經成為我們日常生活中不可或缺的一部分。AI 的一個重要分支是自然語言處理（NLP），它使機器能夠理解和響應人類語言。而在這個領域，ChatGPT 無疑是一個革命性的突破。

AI 人工智能技術的基礎是要理解 ChatGPT，首先需要理解 AI 本身。

AI 是指使機器模擬人類智能行為的技術。它不僅限於單一的功能或任務，而是涵蓋了一系列覆雜的能力和應用。這些能力從最基礎的模式識別和數據處理發展到更高級的功能，如學習、推理、解決問題和感知。AI 的應用領域廣泛，涉及多個行業和生活領域。例如，自動駕駛汽車利用 AI 進行路況分析和決策；在醫療領域，AI 幫助診斷疾病，提高治療的準確性；在教育領域，AI 可以根據學生的學習模式提供個性化的教育計劃。

ChatGPT：AI 的明星 ChatGPT 是在 AI 的大背景下發展起來的一個具體應用。它是一個基於大規模語言模型的聊天機器人，專門設計用於理解和生成人類般的自然語言。不同於傳統的基於規則的系統，ChatGPT 通過分析和學習大量的文本數據來掌握語言的覆雜性和多樣性。它的技術基礎，深度學習和機器學習算法，允許它從這些數據中提取模式和意義，從而能夠以更人性化的方式進行交流。ChatGPT 不僅僅是一個簡單的聊天產品，它能夠參與更覆雜、更深入的對話，提供更加豐富和個性化的回應。

兩者的關係像是 AI 是一個廣泛的領域，而 ChatGPT 則是在這個領域中的一個高度專業化的應用。就像汽車是運輸領域的一個分支，ChatGPT 是 AI 領域中專注於語言交流的一個分支。ChatGPT 的智能和能力來源於 AI 的進步，尤其是在機器學習和自然語言處理方面的進步。這種關係可以類比於整體與部分的關係：AI 是整體框架，而 ChatGPT 是這個框架下的一個高效、精密的組成部分。

AI 與 ChatGPT 的協同發展 隨著 AI 技術的發展，ChatGPT 也在不斷進步。AI 的發展帶來了更先進的算法、更大的數據處理能力和更深入的學習機制。這些進步直接反映在 ChatGPT 的性能提升上，使其能夠更好地理解覆雜的語言結構、把握語境的微妙變化，甚至在某種程度上理解和模擬人類的情感和幽默感。這種進步不僅提高了用戶體驗，也為各種行業提供了更有效的溝通和自動化解決方案。

AI 和 ChatGPT 之間的關系是相互依存、相互促進的。AI 作為一個廣泛的領域，為 ChatGPT 提供了技術和理論的基礎。而 ChatGPT 作為 AI 領域內的一顆明星，不斷展示著這個領域的最新成果和潛力。隨著 AI 技術的不斷進步，我們可以期待 ChatGPT 在未來會帶來更多創新和改變，影響我們與技術的互動方式，甚至影響我們的工作和生活方式。

4.2 開始理解 AI 世界裡的專有名詞

1. Prompt(提示詞)

當你今天使用任何 AI 模型時，都需要輸入相關指令 (通常都是正常的自然語言)，稱之為『Prompt』，透過 Prompt 能幫助機器更快速了解你的需求，並提供準確度更高的回覆。

2. 大語言模型 (LLM)

想像一個巨大的圖書館，這個圖書館代表了大型語言模型的數據庫。專門理解世界的資訊，然後轉化為我們人類能理解的方式『自然語言』，與人類溝通，這能讓人能與機器更好的連接交談，簡而言之他就是 AI 世界的大腦，套用在任何 AI 模型上。

3. Gen AI (大陸稱作 AIGC)

最常聽見的 ChatGPT、Midjourney、Google Bard、Microsoft Copliot 等 AI，或是其他各種 AI 產品，他們都有不同的特色以及功能，可以協助人類處理各種工作的任務，可以想像成不同的手機品牌他們各有各的特色及功能，但他們都來自於同樣的核心技術，目前 AI 世界的核心技術也稱為『Gen AI』。

是指利用 AI 技術自動或半自動地創建數位內容，如文本、圖像、音樂、影片等。這些技術通常包括機器學習和深度學習算法，能夠分析大量數據，從而生成新的內容。

4. AI 模型

在人工智慧領域，" 模型 "（Model）是一種經過訓練的算法，它可以從資料中學習和做出預測或決策。可以用於處理、分析，用一種規律的模式來去理解資料中的演算法框架。而模型的種類很多，每種模型都有他的特定的應用場景和優點，不同的模型（Model）各有他的任務在，有些用於影像辨識或自然語言處理，透過預測分析執行各種複雜的任務。簡單來說，模型（Model）是 AI 用來理解世界和做出預測的算法工具。

5. Alignment 對齊

在 AI 領域中，「Alignment（對齊）」是指確保 AI 模型朝向人類預期的目標、偏好或道德跟安全原則發展。「Aligned AI」是指 AI 符合開發者或使用者的目標和原則。

6. Transformer(GPT 裡面的 T)

Transformer 是目前所有大型語言模型背後所使用的模型架構，最初於 2017 年由 Google 的 8 位研究員在論文《Attention Is All You Need》中提出。透過使用「自注意力機制」，同時關注語言中的每個單詞和單詞之間的關係，從而更好地理解整體語意。專門負責讓 AI 把一個媒體格式「理解」運算以後轉換到另外一個媒體格式。

7. Token

Token 的基本定義：在自然語言處理 NLP 中，一個 Token 通常指的是文本中的一個基本單位。這個單位可以是一個詞、一個字符、或者一個標點符號。例如，在處理一句話時，每個單詞和標點符號都可以被視為一個獨立的 Token。

8. 幻覺

幻覺是指在人工智能系統，特別是基於機器學習的模型中，當這些系統錯誤地解釋數據或在面對特定輸入時產生出乎意料的，非理性的或不準確的輸出時所發生的現象。

這種現象可能是由於數據集的偏差，算法的錯誤設計或是模型訓練不充分等原因導致的。

4.3 ChatGPT 跟 GPT 有什麼不一樣？

GPT（Generative Pre-trained Transformer）

GPT 是由 OpenAI 開發的一種先進的自然語言處理技術，屬於大型深度學習模型的範疇。這種模型的主要特點是其能力於理解、生成和翻譯自然語言。

GPT 的技術背景

1. 變換器架構：GPT 採用了變換器（Transformer）架構，這是一種特別適合處理自然語言的深度學習機制。它能夠有效處理長距離依賴，也就是在文本中相隔很遠的詞彙之間的關係。
2. 大規模數據訓練：GPT 通過學習大量的文本數據來獲得對語言的深刻理解。這些數據包括書籍、網頁內容和其他形式的書面文本。

GPT 的應用領域

GPT 模型在多個領域都有廣泛的應用：

- 文本生成：如創作文章、詩歌、故事等。
- 語言翻譯：自動將一種語言翻譯成另一種語言。
- 文本摘要：將長篇文章縮減成簡潔的摘要。
- 問答系統：提供對特定問題的直接回答。

ChatGPT 是基於 GPT 模型專門為對話而設計的應用。它的主要目標是模仿人類的對話方式，提供自然且合乎邏輯的回答。

對話上下文管理： ChatGPT 能夠記住並參考之前的對話內容，這使得它能夠在一系列的對話中保持話題的連貫性。

適應性強： 它能夠根據對話的進行調整其回答風格和內容，更加貼近人類的交流方式。

GPT 與 ChatGPT 之間的區別

雖然 ChatGPT 是基於 GPT 的，但它們在設計和功能上有些差異：

1. 專注於對話： ChatGPT 被特別優化用於模擬人類的對話方式，而 GPT 則更多地用於一般的文本處理和生成任務。
2. 上下文處理能力： ChatGPT 在處理和維持對話上下文方面表現更佳，而 GPT 則在理解廣泛語境和執行多種語言任務方面更為全面。
3. 用戶體驗： ChatGPT 提供了更符合人類自然對話風格的體驗，而 GPT 則提供了更廣泛的語言處理能力。

GPT 與 ChatGPT 雖然共享相同的核心技術，但它們被優化和應用於不同的場景。GPT 作為一個通用的語言模型，在多種語言任務上表現出色，而 ChatGPT 則專注於提供高質量的對話體驗。隨著 AI 技術的發展，這兩種模型都將繼續演進，以滿足更多樣化的應用需求。

通常我們會稱作在網站使用的聊天視窗為 ChatGPT，如果有升級成 Plus 會員則會稱作 GPT4 之類的，如果是調用 API 也會稱作調用了哪個 GPT 模型，基本上網站上聊天 (沒升級) 就是 ChatGPT，有升級就都號稱 GPT。

05 | ChatGPT是什麼？

大語言模型開啟 AGI 時代

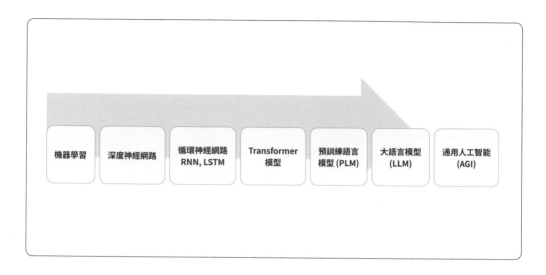

機器學習　深度神經網路　循環神經網路 RNN, LSTM　Transformer 模型　預訓練語言模型 (PLM)　大語言模型 (LLM)　通用人工智能 (AGI)

5.1 ChatGPT 不是只有單純聊聊天而已！

很多人可能會覺得 ChatGPT 好像只是像名字用來聊天的，使用 AI 這種高度先進的科技來進行對話和聊天，似乎有點像是「大材小用」。

但其實 Chat 裡面的意思是進行對話式的互動，聊天只是 ChatGPT 的介面而已。

如果我們仔細思考一下，會發現每次我們與電腦或智能手機互動時，都是一種形式的「對話」。

每當我們使用瀏覽器瀏覽網頁、使用滑鼠點擊圖標，或是在 iPhone 上滑動和點擊，我們其實都在與這些機器進行對話。這些對話的本質其實就是一系列的「輸入和輸出」（input/output）。

舉個簡單的例子，當你用滑鼠將游標從屏幕的一個角落移動到另一個角落，你其實就是在告訴電腦：「嘿，我想把這個游標從 A 位置移動到 B 位置，並且我想用 X 的速度去做這件事。」這樣的「指令」或「請求」會被電腦接收和解析，然後它會按照你的指示執行相應的動作。

在這個過程中，你（作為用戶）和電腦（作為機器）之間建立了一個互動的關係，就像一場對話一樣。你提供輸入（指令或請求），電腦提供輸出（反應或結果）。

因此，即使在最基本的層面上，人和機器之間的互動都可以被看作是一種「對話」。這樣一來，使用 ChatGPT 來進行對話和聊天就不再顯得「大材小用」，而更像是一個自然的延伸，讓這種「對話」變得更為高效，更可以讓大家使用，只要你會打字或說話就行了。

5.2 ChatGPT 基本註冊跟教學

首先進入 OpenAI 官方網站 (https://openai.com/)

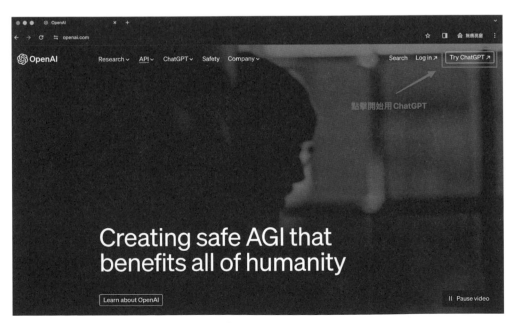

點選 Sign Up

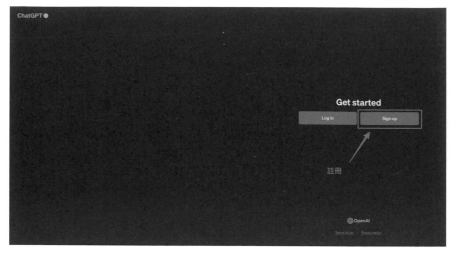

選擇你要的註冊方式

Create your account

註冊 OpenAI 以繼續使用 Apps Client。

電子郵件地址

繼續

已有帳戶？ 登入

──── 或 ────

G 繼續 Google

▦ 繼續 Microsoft Account

🍎 繼續 Apple

註冊後就會進入 ChatGPT 主畫面，只會看到一個聊天輸入框，這是跟 ChatGPT 互動的地方，只要把它當作人一樣跟他聊天就可以使用 AI 了！

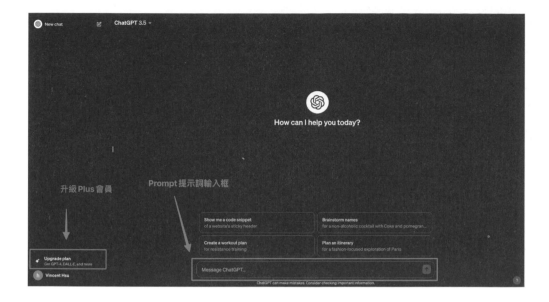

另外如果要升級 Plus 會員 (可以用 GPT4，上網，進階數據分析，Dalle3 畫圖，GPT4Vision 看圖片分析)，點擊左下方升級就好。

有升級 GPT4(Plus 會員，每個月 20 美金) 跟沒升級差別：

可以想像成 GPT4 是頂尖大學畢業生的大腦，在每個科系都滿分畢業，GPT3.5 則是高中畢業生的感覺，其實都是花一樣的時間成本在溝通，你會想跟大學生問問題還是高中生？

性能比較：

模型大小在確定這些語言模型的功能時起著重要作用。GPT-4 比 GPT-3.5 具有顯著的性能。這主要是由於它在更大的數據集上進行訓練並使用更強大的架構。在基準測試中，GPT-4 的文本生成速度比 ChatGPT 快了三倍。如果您需要使用語言模型生成一篇較長的文章，由於 GPT-3.5 的性能較慢，完成任務更長的時間。

處理複雜任務能力：

無論是 GPT-3.5 還是 GPT-4 都可以處理各種任務，包括文本生成、翻譯、創意寫作和編碼等。然而，當涉及處理覆雜任務時，GPT-4 完勝。它可以生成準確無誤的文本，適用於需要精確性和可靠性的應用程序。

記憶長度：

GPT4 Turbo 的 Token 是 128,000，GPT3.5 Turbo 是 4000，Token 越多代表記憶的長度越多 (後續章節會說明)

準確性測試：

在準確性方面，GPT-4 優於 GPT-3.5，GPT-4 使用更大數據集和改進的架構使其能夠生成更精確、準確的文本輸出。在基準測試中也證實 GPT-4 生成的文本更可靠、準確。

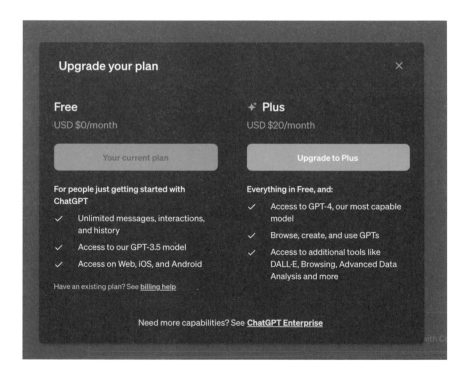

然後左下方點擊自己名字有設定選項，可以選擇不要把聊天數據上傳給 OpenAI 當作訓練數據。

設定

這邊關掉就不會上傳數據了

5.3 ChatGPT『能』跟『不能』做什麼？

ChatGPT 能：

ChatGPT 能聽，能說，能看，能思考。

1. 跟你像朋友也像專家一樣回答世界上所有的問題，24 小時待命。
2. 把非結構化訊息 (聊天、雜亂訊息) 結構化後幫助你做數據分析。
3. 用文字描述就可以幫你生圖。
4. 能聽到聲音，看到圖片，都轉換成文字把資訊整理給你。
5. 能用文字讓他說出你打的字。

ChatGPT 不能：

1. GPT 不會思考，也不會假設，你跟他說什麼就是什麼，可以一秒叫他當三歲小孩，也可以叫他一秒變愛因斯坦。
   重點是這個 "叫"，也就是要跟他說，你沒跟他說那他什麼都不是，就是個網路知識的大雜燴，產生出來的答案就是胡言亂語。
2. 無法精準地回答問題，我們之後會提到 GPT 底層的運作原理就是用猜的，所以最終結果就是猜出來的，無法很精準的回答問題。GPT 的 P，Pre-Trained 的意思是預先訓練，所以就是只理解到被訓練過的數據，如果沒被訓練過的數據他就不會知道了。
3. 無法 real time 數據做處理，需要立即實時更新資料庫，目前 GPT 是無法做到的，雖然生成速度很快，因為每次的回答都是要經過 Transformer 運算，所以目前還無法 real time 處理即時數據。

5.4 ChatGPT 隱私與道德問題

ChatGPT 的爆紅開啟了 AI 時代，同時也帶來了隱私跟道德安全問題。目前有兩個派系，一個是對 AI 保持樂觀的 e/acc(有效加速主義)，一個是 decels alignment(減速跟對齊派系)。

e/acc 派系認為加速 AI 進展,其他問題會順道解決。超級對齊派系則認為 AI 會帶來安全跟其他風險問題,對人類有所威脅,需要不斷地監管調整,放慢腳步。

1. 隱私問題

AI 的隱私問題主要來自於數據安全,我們的個人資料,聊天記錄或是私有數據,AI 能不能看跟拿來訓練?

這邊可以從開源跟私有 AI 模型開始探討,開源模型像是 Meta 的 LLama2 跟阿里巴巴的通義千問,目前是海外跟大陸最大兩個開源模型,用開源模型代表企業端可以自己運行 AI 在自己的服務器裡面,不會外洩自己的私有數據。

OpenAI 則屬於私有模型,所有我們跟 ChatGPT 的對話紀錄 OpenAI 都會用來當作訓練模型的方式 (現在有關閉按鈕,可以選擇不給 OpenAI 看跟訓練我們的對話紀錄)

使用私有模型的時候也要密切關注公司對如何使用數據的透明度的資訊,AI 時代變得太快,包括模型本身也是更新的速度非常快,公司也不定期的在調整跟產品端如何掌控什麼資料會搜集跟什麼不會動。

最後還有國家政策的因素,不同國家對私有 AI 模型的要求跟監管不太一樣,政策也不定時的在更新。

2. 道德跟安全問題

GPT 本身的原理是從全世界吸收所有的數據,壓縮後產生的預測結果 (下章節會講的更詳細),也就是說他不知道什麼是對的跟錯的,需要由人去調教他 (RLHF 監督式學習),不斷的去跟他說人類的道德標準在哪裡,譬如違法、犯罪、色情、賭博等等的事情不能說。

關於人去調教 AI 這件事情就叫做 "Alignment 對齊" 問題,要讓 AI 對齊人類的道德,如果超出這個道德標準,那 AI 的後果就會很嚴重,嚴重到不是一個公司就可以扛起責任的等級。

尤其是 OpenAI 從創立以來的目標一直是往 AGI(通用人工智能) 發展，但 decel 派系認為目前還沒有對的方式去控制跟監管 AGI，需要保守的緩慢進行。

OpenAI 官方也在 GPT4 推出沒多久就成立了 Super Alignement 部門，並且對外宣佈會把 20% 的算力資源都放在對齊部門。

基本上以前的方法是由人去調教 AI 道德跟安全界線，但目前 AI 發展的速度太快，未來如果要往 AGI 方向發展，要調教這件事情不太可能由人類去做。

所以 SuperAlignment 部門創立的時候，OpenAI 就是希望由 AI 去調教 AI 道德跟安全界線。最近 SuperAlignment 發表了如何讓小的 AI 模型模型 (GPT-2) 去調教大的 AI 模型 (GPT-4)，可以想像成小學生去教大學生什麼事可以做，什麼是不能做。

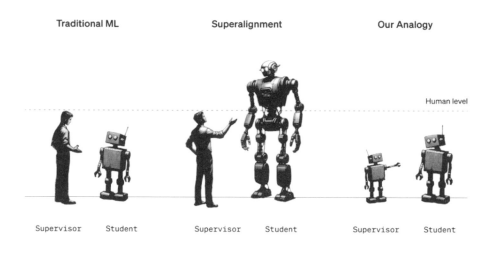

來源 (OpenAI)

這樣就可以保持 AI 的調教速度，跟 AI 發展速度就算發展比想像的快，還是可以適當的被初始的模型 (小模型) 拉回來對齊。

5.5 ChatGPT 實戰操作 1- 基本介紹跟他像朋友一樣對話

一開始先正常跟他聊天，他就會像朋友一樣回覆你了。

像朋友一樣的口氣繼續跟他聊天。

> **You**
> 感覺很無聊啊，在推薦一些其他地方好了

 正常講話的方式

> **ChatGPT**
> 如果你想在倫敦體驗一些不同的活動或地方，以下是一些建議：
>
> 1. **倫敦公園：** 倫敦有許多美麗的公園，如海德公園（Hyde Park）和綠園廣場（Green Park），提供放鬆身心的綠意。
> 2. **倫敦街頭藝術：** 東倫敦的沙oreditch區是個藝術的擁有者，這裡有豐富的街頭藝術和塗鴉，是藝術愛好者的天堂。
> 3. **卡姆登市場：** 卡姆登市場以其獨特的風格和多樣性而聞名，這裡有各種商品、手工藝品和美食，是倫敦的時尚潮流區。
> 4. **倫敦動植物園：** 這座動物園位於倫敦市中心的標誌性地點，是一個適合家庭遊玩的好地方。
> 5. **科學博物館：** 如果你對科學和技術感興趣，可以前往倫敦的科學博物館，這裡有許多互動式的展覽和實驗。
> 6. **博物館區：** 除了大英博物館，還有其他一些令人印象深刻的博物館，如維多利亞和艾伯特博物館（Victoria and Albert Museum）和自然歷史博物館（Natural History Museum）。
> 7. **莎士比亞環球劇院：** 如果你對戲劇和文學有興趣，可以參觀莎士比亞環球劇院，欣賞現場表演。
> 8. **倫敦水族館：** 這是一個適合家庭遊玩的地方，你可以觀察到來自世界各地的水生生物。
> 9. **倫敦現代藝術館（Tate Modern）：** 位於泰晤士河畔的工業風建築，收藏了當代藝術的精品。
> 10. **倫敦夜生活：** 西區的莊園、索露斯、柏萊特等區域是倫敦夜生活的中心，有許多酒吧、夜總會和表演場所。
>
> 希望這些建議能夠使你的倫敦之旅更加豐富有趣！

碰到有興趣的話題就繼續跟他聊下去，真的把它當作人一樣聊天就好了！

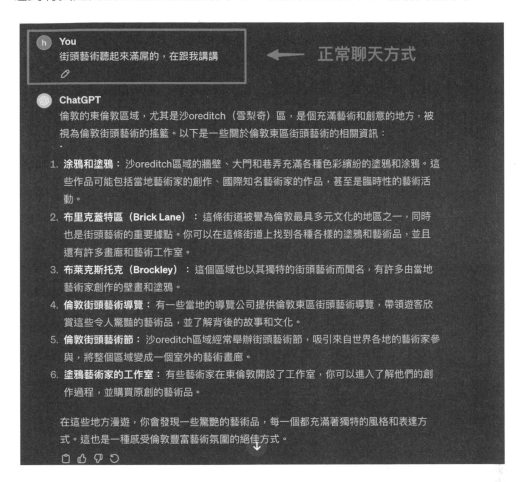

最後每次對話 ChatGPT 都會自動產生聊天記錄，如果有新的聊天內容，或是不一樣主題，強烈建議都要開新的聊天對話。 聊天記錄列表可以更改聊天對話的名字。

右邊分享聊天對話可以把目前聊天對話 (你覺得有價值的內容) 透過連結分享給朋友同事。

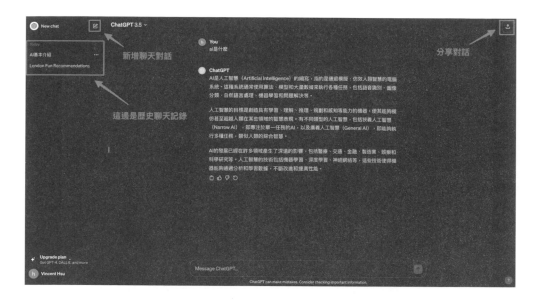

5.6 ChatGPT 實戰操作 2-Dalle3 大藝術家

你可以用正常對話的描述，跟 ChatGPT 說你想畫什麼東西，不需要懂複雜 AI 畫畫的 Prompt，正常跟他說你想畫什麼就好，他就會自動生成這些圖了 (目前為 Plus 付費會員才有的功能)。

Dalle3 最厲害的是可以進行多輪對話細修，也就是 AI 生成完圖片後，你可以再繼續針對那張圖片調整。

其他 AI 生圖軟體每次生圖都是一次新的圖，很難針對原本的圖做調整。

如果覺得圖片不錯可以跟他說再產生一個類似風格的。

5-15

然後可以針對背景跟場景做修改。

最後可以針對照片視角做調整。

最後喜歡照片就直接下載到電腦就好了。

Dalle3 就是這麼簡單又強大。最後如果你想要生成不一樣的圖片,要開新的
對話視窗,否則 AI 會搞混。

5.7 ChatGPT 實戰操作 3- 你專屬程式高手

除了生圖以外，GPT 也能生程式代碼跟幫忙 debug 跟分析 code(目前為 Plus 付費會員才有的功能)。

這邊我簡單描述請他生成一個類似 Instagram 的網站。然後因為版權問題他無法完全模仿只做類似的排版。

這是下載的程式代碼

```
•••                                          ⌕ Search
         <> basic_instagram_like_website.html ×
    Users > whizv > Downloads > <> basic_instagram_like_website.html > …
    1
    2   <!DOCTYPE html>
    3   <html lang="zh">
    4   <head>
    5       <meta charset="UTF-8">
    6       <meta name="viewport" content="width=device-width, initial-scale=1.0">
    7       <title>你怎麼不懂AI?</title>
    8       <style>
    9           body {
   10               font-family: Arial, sans-serif;
   11               margin: 0;
   12               padding: 0;
   13               background-color: #f0f0f0;
   14           }
   15           .header {
   16               background-color: #f09433;
   17               background: linear-gradient(45deg, #f09433 0%, #e6683c 25%, #dc2743 50%, #cc2366 75%, #bc1888 100%);
   18               color: white;
   19               text-align: center;
   20               padding: 10px 0;
   21           }
   22           .content {
   23               display: flex;
   24               flex-wrap: wrap;
   25               justify-content: center;
   26               padding: 20px;
   27           }
   28           .card {
   29               background-color: white;
   30               margin: 10px;
   31               width: 300px;
   32               box-shadow: 0 4px 8px 0 rgba(0,0,0,0.2);
                                                Ln 1, Col 1   Spaces: 4   UTF-8   LF   {} JS  Prettier
```

在 Chrome 打開這個 HTML 代碼後，基本的靜態網站就出來了

你也可以把一段程式代碼丟給他，問他在寫什麼。

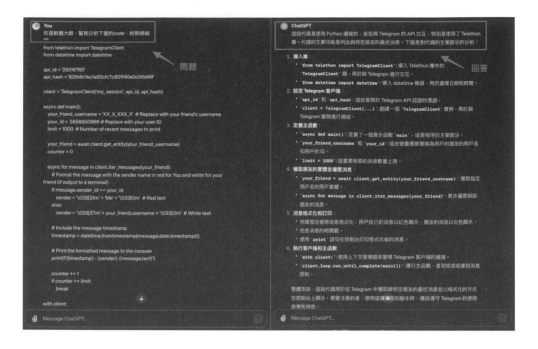

這樣看得出來 GPT4 有強大的寫程式能力，寫出跟分析的速度是人類無法比的，另外這種功能對剛學寫程式的新手有如神助，我自己就純靠 GPT4 寫出一個虛擬貨幣打賞網站。

5.8 ChatGPT 實戰操作 4- 上網查資料專家

GPT4 可以調用上網能力，幫你上網查詢資料，最後再透過他本身強大的數據分析能力給你完整有建設性的回答。

這邊示範上網查詢分析特斯拉近期股價跟產品（2023 年 12 月）。

5.9 ChatGPT 實戰操作 5-GPT4 Vision AI 幫你看世界

GPT4-Vision 可以識別圖片，譬如剛剛生成的像 Instagram 網站，只要截圖一下他就可以看著圖片幫你把程式碼寫出來了 (目前為 Plus 付費會員才有的功能)。

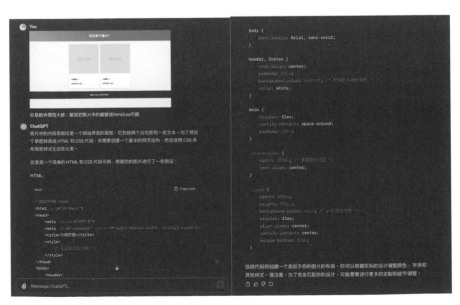

除了寫程式碼以外，他對生活圖片(視覺)辨識也是個大神。

我上傳了一張肉絲炒飯的圖：

國外有網友用 GPT4 Vision+GPT 文字轉語音功能 (GPT4 Vision 把圖片辨識解讀下來變文字，再讓 GPT4 説出來文字)實況轉播梅西的足球賽 AI 球評。

來源 (https://twitter.com/geepytee)

GPT4 Vision 還有很多情境可以使用，譬如開完會議拍一下白板開會的內容，他就可以幫用文字幫你總結今天開會的內容，對 ChatGPT 來講就是有眼睛去看世界了。

5.10 ChatGPT 實戰操作 6-AI 語音小助理

目前 ChatGPT APP 可以用語音對話的方式使用 (網站目前還無法)，首先先下載 ChatGPT 的 APP。

這樣就可以進行跟 ChatGPT 的對話了（一般會員就可以使用這個功能了），我們可以看出來其實 ChatGPT 都把我們的語音先轉成文字進行對話聊天（就像我們在網站跟 ChatGPT 聊天一樣），最後他會再轉成人聲回應我們，後續章節會提到更多關於如何轉換。

5.11 ChatGPT 實戰操作 7-GPTs 製作自己專屬 GPT

GPTs 為用戶開啟了打造個性化 AI 助手的大門。

想像一下，您能夠根據自己的特定需求和偏好，定製一款理想中的 ChatGPT。無論您希望擁有一個高效管理電子郵件的智慧助理，還是一位隨時激發創意靈感的伙伴，抑或是一名行銷專家，GPTs 都能幫到你。

這種用聊天定製化的 AI 解決方案不僅極大地提升了工作效率，也為日常生活帶來前所未有的便利。

完全不用懂程式編程，只需要像跟 ChatGPT 對話一樣就可以建立，用戶甚至可以結合自己上傳的文件，利用這些個人化的數據，創建一個真正屬於自己的 GPT 助手。

OpenAI 即將推出 GPTs Store，這是一個類似應用商店的平台，允許用戶分享他們的 GPTs，實施收益分潤制度，為創造者和 OpenAI 創造新的收入來源。

如何建立個人專屬 GPTs？

首先到 ChatGPT 的主畫面 (需要 Plus 會員才能創建)

在這邊點擊 Create a GPT 就可以開始創建了

進入到 GPTs 設定主畫面的時候就可以用聊天方式設定 GPTs 的角色跟風格，在這邊 GPTs 的建立方式有兩種。

1. 聊天方式：通過聊天方式 GPT 會問一步一步引導你 GPTs 的大頭貼、角色、風格，跟功能，最後會把聊天內容轉成 GPTs 的預設 Prompt，非常適合初學者，可以想像用聊天方式就可以打造一個自己專屬 GPTs 未來上架到 GPT 商城。

2. 編輯方式：直接進入到 GPTs 編輯畫面，把你自己的 Prompt 直接輸入進去（而不是透過聊天生成），這種方式適合已經有準備好的 Prompt，或是對 Prompt 已經非常熟悉的人。

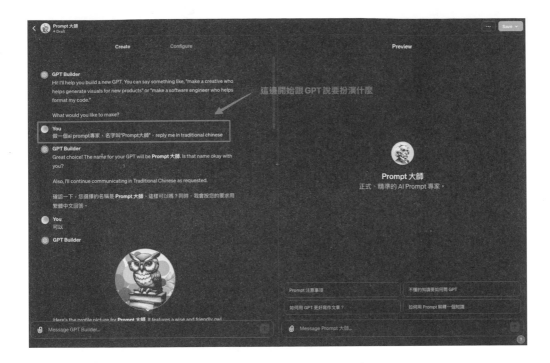

這邊是詳細的聊天建立過程，如果發現 GPTs 都是用英文回覆的話可以打 "reply me in traditional chinese"，然後 conversation starters 在這邊是預設問題的意思。

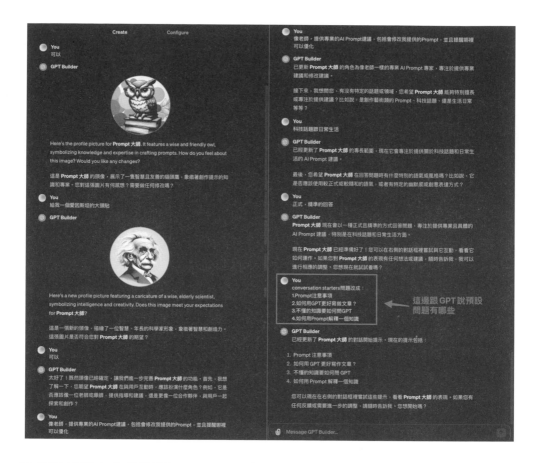

這樣子就設定你的專屬 GPTs 了！預設問題 (Conversation Starters) 就會這樣子
呈現：

我們選擇 "如何用 Prompt 解釋一個知識"

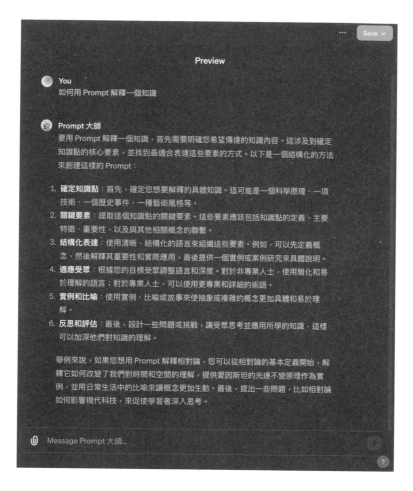

這個 GPTs(Prompt 大師) 就會照我們剛設定的角色跟風格回答我們要的問題了。

點擊 Public 就可以分享到官方 GPTs 平台了，點擊 Anyone with a link 就可以把 GPTs 的連結分享到社群或給你朋友 (但不會出現在官方平台)，Only me 是只有自己看得到 (測試的時候)

分享出去後就會變這樣的畫面，就跟一般 ChatGPT 一樣，只不過他一開始開啟對話的時候就有你剛剛設定的內容跟預設問題。

這個功能非常好用，譬如你如果常常需要行銷顧問，就可以自己先建立一個 GPTs，未來以後有行銷問題只要開啟 GPTs 就好了，不用從零開始跟 GPT 打 Prompt 或框架，而且每次這個 GPTs 的設定都是一樣的，如果開新對話重新設定 ChatGPT，不一定每次回答的答案都很穩定。

接下來我們到 GPTs 編輯區塊，這邊可以細部的修改 GPTs。

1. 可以上傳大頭貼，或是用 Dalle3 生成新的大頭貼
2. 名字跟介紹都可以調整
3. Prompt 內容可以調整 (GPTs 的預先設定 Prompt)
4. 預先問題可以修改 (最多四個)

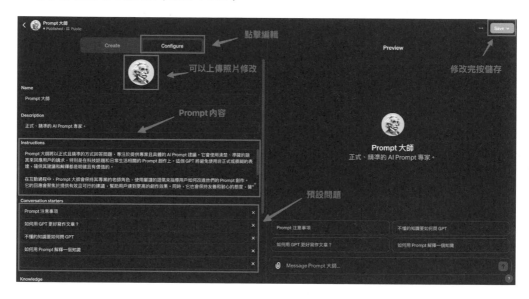

這邊可以上傳自己檔案 (pdf,docx,txt,csv) 等等，讓 GPTs 一開始就有你相關的背景資料 (譬如公司品牌資料、行銷數據、報告分析) 之類的，這些數據是你私有的在 ChatGPT 不會知道的。但你可以在這邊匯入讓 ChatGPT 理解這些數據後再進行回答。

譬如假設公司新進員工手冊，在這邊就可以匯入進去 (請假怎麼請、新進公司注意事項等等)，未來以後新進員工有問題就可以直接問 GPTs 了。

Code Interpreter 是 ChatGPT 專門負責數據分析跟寫程式的，這邊預設是沒有開啟的，如果沒有特殊需求的話建議也不要開，如果開了有時候就會不小心啟動數據分析跟寫程式，但如果問題跟分析和寫程式無關的情況 GPT 就會開始有點混亂了，就要重啟對話視窗很麻煩。

Action 是讓 GPTs 跟外部程式溝通的地方，這部分就需要有程式基礎寫點程式碼，基本上概念就是讓 GPTs 跟外部串接再一起調用外部資料或功能等等。

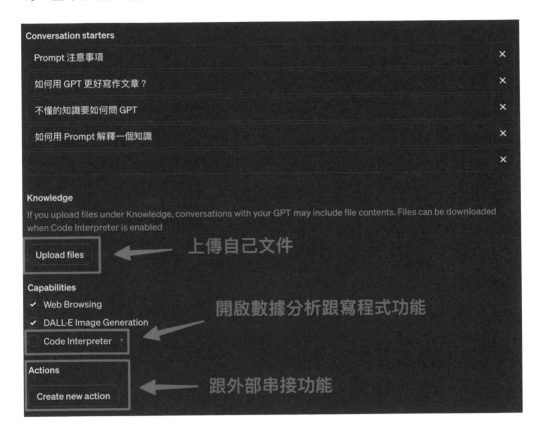

這邊示範我上傳我自己之前做的一個 Prompt 心法 pdf(裡面有我基本介紹)，然後上傳到 GPTs，並且詢問 Vincent(我) 是誰。這樣子問了以後他透過瞭解我上傳的檔案內容，並且成功回答了，這個答案是 GPT 原本不會有我的個人資料。

另外 GPTs 同時可以上傳多份檔案。

06 | ChatGPT的基本原理

GPT 是深度學習 AI，壓縮了全世界的知識，產生出湧現能力，不斷預測下一個單詞的 AI 模型。

6.1 GPT(Generative Pre-Trained Transformer) 是什麼？

Transformer 架構，是一種專為自然語言處理設計的先進模型。Transformer 架構以其獨特的自注意力機制為核心，克服了傳統模型的限制，允許模型更好地理解自然語言中的覆雜結構和語義信息。

Transformer 架構也帶來了對強大計算資源的需求。由於自然語言處理任務涉及大量的文本數據和複雜的語言規則，Transformer 模型需要在大量的數據上進行訓練，並通過複雜的計算過程來理解和生成自然語言。為了處理這種計算密集型的任務，需要高性能的計算機集群、大規模的 GPU 或 TPU 加速以及高效的分布式訓練技術。

GPT 作為基於 Transformer 的自然語言處理模型，同樣需要強大的計算資源來訓練和運行。OpenAI 在訓練 GPT 模型時使用了數千個 GPU 和 TPU，通過分布式計算技術加速訓練過程，並確保模型的穩定性和泛化能力。

6.2 大語言模型 LLM(Large Language Model) 是什麼？

LLM（Large Language Model，大語言模型）是一種基於深度學習技術的自然語言處理模型。它能夠理解和生成人類語言，並且可以用於各種自然語言處理任務，包括機器翻譯、文本生成、問答系統等等。

LLM 的工作原理主要基於神經網絡。神經網絡是一種模擬人類大腦神經元行為的計算模型。它由許多層神經元組成，每層神經元都與下一層的神經元相連。在訓練過程中，神經網絡會學習如何處理輸入信息並產生輸出信息。

LLM 的訓練過程主要分為四個步驟：

1. 資料收集

LLM 的訓練過程首先需要大量的文本資料。這些資料可以是來自互聯網的文章、書籍、新聞、社交媒體等等。LLM 會使用這些資料來學習語言的規則和語境。

2. 建立神經網絡

LLM 使用深度神經網絡來學習語言的結構和語法。這個神經網絡通常包含多個層次，每一層都包含許多神經元。這些神經元在訓練過程中學習如何理解和生成文本。

3. 訓練過程

在訓練過程中，LLM 會通過分析大量的文本資料，學習如何預測下一個詞語或短語的可能性。這需要考慮前面的詞語和語境。訓練的目標是最大化預測的準確性。

4. 語言生成

一旦訓練完成，LLM 可以接收一個輸入文本，並生成相應的輸出文本。它通過在已知的語境中選擇最可能的詞語或短語來生成文本，以回答問題或完成任務。

LLM 是通過深度學習技術來學習自然語言的結構和語法，並且可以用於各種自然語言處理任務。它的工作原理是基於神經網絡的統計建模，通過分析大量的文本資料來實現對語言的理解和生成。

6.3 GPT 壓縮世界的知識

OpenAI Ilya Sutskever:

如果你能高效壓縮訊息,你一定已經得到知識,不然你沒辦法壓縮訊息。所以,你把訊息高效壓縮的話,你總得有些知識。

OpenAI Jack Rae:

使用大語言模型進行無損壓縮對最小描述進行計算,希望大模型對任務的理解能力可以被數學公式量化。

GPT 學習的本質,一個關鍵的概念便是對有效信息的"無損壓縮"。在這過程中,壓縮率的高低直接影響學習的效果。

根據 OpenAI 的最新觀點,基於 GPT 的大型語言模型已經幾乎匯聚了全球範圍內的知識,因而成為了卓越的數據壓縮器。

官方團隊多次強調了壓縮在 AI 中的重要性,以及其對 AI 未來發展的潛在影響。OpenAI 的核心研發人員 Jack Rae 曾提出,人工通用智能(AGI)基礎模型的目標是實時對有效信息進行最大限度的無損壓縮。他甚至希望將 GPT 的原理壓縮到一個數學公式中,類似於牛頓的 F=ma 那樣描述物理世界。

在這個框架下,更小的有效方法描述長度意味著對任務有更好的理解。當我們能夠將有效方法無損壓縮到最短長度時,就達到了對該任務的最優理解。語言模型的核心在於不斷預測下一個詞的概率分布,並完成生成式任務。Jack Rae 用 Meta 的 Llama(臉書的開源大型語言模型)作為參考,描述了大語言模型的本質。隨著模型規模的增大,壓縮下來的數據損失量逐漸減小。他通過對比 LLAMA 模型在 70 億和 650 億參數規模下的性能,展示了這一點。數據損失量越小,代表壓縮下來的知識越多、越精確。

一個有趣的類比是,最好的學習方法就像教授別人知識一樣。如果你無法教授別人,那可能意味著你還未完全理解該知識。GPT 模型也遵循這一原則:只有在達到極致的理解和壓縮之後,它才能有效地生成下一個單詞。

總之,如果能夠將 GPT 大模型的性能進行"量化",科學家們就能夠更好地實現和優化模型,明確未來的發展方向,並更深入地了解深度神經網絡和湧現模式的工作原理。通過這種方式,我們不僅能夠提升 AI 的性能,還能更深入地理解人類自身的學習和認知過程。

6.4 GPT 的湧現能力

想像一下,當你還是小學生的時候,你學了很多單詞,看了很多文章。然後,到了三四年級,你突然就能夠自己寫一篇文章了。這種能力,就像是你腦海中的知識突然之間連接起來,讓你能夠創造出新的東西。在 AI 人工智能的世界裡,這種現象被稱為"湧現能力"。

就像學生學習語言一樣,最初是記住單詞,然後學會造句。隨著時間的推移,這些知識逐漸積累,最終讓學生能夠自己寫出完整的文章。但是,要解釋或重複這一過程,對任何人來說都是困難的,因為它不是一個簡單的、線性的過程。就像沒有老師可以說我保證你小孩一定 10 天內可以學會寫作文一樣。

這種學習過程,GPT 也經歷了類似的事情。GPT 通過學習全球的知識,達到了一種"瞬間融會貫通"的狀態。當 GPT 的數據量超過了百億級別時,它開始展現出驚人的湧現能力。

目前,包括 OpenAI 的科學家們在內的世界各地的專家們還無法完全確定地描述對這種湧現能力的理解。他們觀察到,當模型的數據量達到某一水平時,它在不同領域(如文字處理或數學運算)的能力會以不同的方式和時機顯現出來。

我們可以通過圖表來觀察大型模型在不同學科領域的表現。這些圖表展示了,當模型訓練的數據量達到一定數量時,其能力會呈指數級提升。

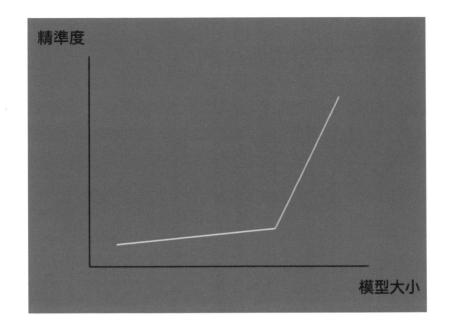

AI 世界權威吳恩達在 Google Brain 的首要任務就是向大型語言模型中輸入大量數據。他認為，早期 AI 之所以沒有太多突破，是因為當時的硬體 (GPU) 和數據量限制了 AI 的學習能力。他發現，在小型 AI 模型中塞入大量數據並不會顯著提高其效果。這也是為什麼前 30 年 AI 一直沒有明顯的進展，很多人都覺得深度學習沒有未來，因為在小模型的時候不管怎麼努力都沒有明顯效果。

有了湧現能力以後，科學家們觀察到 GPT 就會了：

1. 連續多輪對話跟理解上下文：徹底顛覆一般人對原本 AI(人工智慧) 的觀感理解跟知道如何使用這個上下文窗口就是能運用 GPT 的最大的重點，因為超過這個窗口 GPT 則會忘記，

2. Instruction/in context learning: 看到範本可以順利學習甚至舉一反三，沒被訓練過的任務也可以學習。

3. Step-by-step reasoning（Chain-of-Thought）：對於需要多個步驟才能解決的問題，展現了逐步推理解決問題的能力。

4. Calibration: 知道自己不知道，承認自己的錯誤。

6.5 預測下一個單詞

GPT（Generative Pre-trained Transformer）的 "Generative" 一詞意味著 "生成"。這種技術通過預訓練，匯聚了全球的知識庫，以此作為理解語言和語境的基礎。當 GPT 展現出理解上下文的湧現能力時，它能夠 "預測" 下一個單詞的出現，這種預測是基於大量的語言數據和先前的學習經驗。

目前的 ChatGPT 或是 AI 圖片生成工具如 midjourney，都是 AI 生成模型的典型代表。這些工具依賴於 GPT 的強大能力去不斷預測下一個字或甚至是圖像。GPT 的主要任務是不斷地觀察其 "當前" 的語境窗口，基於此來預測下一個單詞。這個過程從預測單個單詞開始，然後是一整個句子，最終形成一篇完整的文章。

這張圖生動地展示了 GPT 如何工作：不斷審視和更新當前的句子，以此來預測下一個單詞。重要的是，這裡所指的是 "預測"，而非絕對確定的答案。

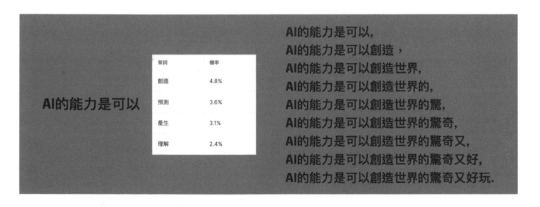

這種預測能力雖然是透過大量的訓練和對語言模式的深入理解實現的，但其核心原理仍然是預測。**這意味著每次的回答都是基於概率的**，並且可能會根據不同的語境產生變化。

這也解釋了為什麼當我們向 ChatGPT 提出相同的問題時，它有時會給出不同的答案。這並非單純因為 "回答不夠精準"，而是因為 GPT 在作出回答時總是基於當前的語境，尋找下一個概率性最高的單詞，從而給出最符合當前情境的答案。

看了這麼多關於 GPT 介紹跟原理，最後的 GPT 神奇的戲法就是預測而已，透過大量學習世界的知識，經過 Transformer 壓縮運算處理，展現湧現能力去 **"預測"** 下一個單詞。

這有點像是魔術師的戲法被看穿了感覺，但事實上就是這樣。未來很多跟 AI 溝通 Prompt 的情況都要知道他後面其實都是用猜的，所以不管是 AI 幻覺還是大語言模型的答案原本就是預測出來的，我們都不能過度相信 AI 產生的答案，需要詳細做交叉比對確認才行。

6.6 為什麼需要這麼多算力？

GPT 需要的算力資源跟傳統電腦不太一樣。

傳統的電腦采用二進制運算，也就是我們常説的 0 和 1。CPU 是這些電腦的核心算力來源，這種計算方式已經成為過去 50 年來電腦的算力基礎。

然而，與傳統的電腦不同，GPT 的算法原理更加複雜。GPT 深度學習是基於矩陣的形式進行的，Transformer 需要在大量矩陣中進行並行運算。簡而言之，所有的預測都是通過多維矩陣方程式的運算來實現的。這種矩陣運算的方式為 GPT 提供了更強大的計算能力，使其能夠處理更加覆雜的任務並產生更準確的預測結果。

由於需要從頭打造電腦運算的原理，Nvidia 早在 10 幾年前就開始布局他們專有的 CUDA 深度學習算法架構，打造 AI 超級電腦 DGX，早期的 GPT 後面的引擎，就是做這樣的 AI 深度學習運算。

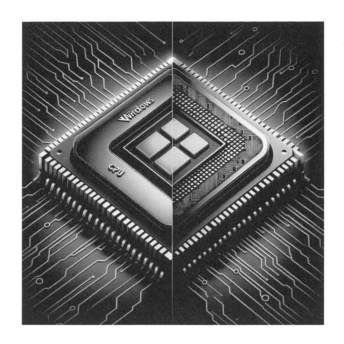

這張圖比較左邊 CPU 跟右邊 GPU 的感覺，GPUT 的小格方塊代表他同時每個方塊都在並行處理運算，而 CPU 沒那麼多方塊無法像 GPU 一樣同時處理大量的運算

6.7 幻覺問題

GPT 等大型語言模型可以被比喻為一個巨大的圖書館，存儲了人類知識和信息的海量文本。它就像一位記憶力超群的圖書管理員，可以根據查詢提供相關文本段落。但是 GPT 並不真正「理解」這些文本的意思，就像管理員不會全面理解圖書館的每一本書一樣。

當我們諮詢 GPT 時，它會根據自己的「讀書記憶」回答問題。對於大多數日常問題，GPT 可以提供非常合理和相關的回覆。但是當問題超出其訓練範圍時，GPT 可能會產生「幻覺」現象，給出似是而非的答案。

這是因為 GPT 不存在真正的世界知識和理解能力。它只是學習並模擬了人類文本中的語言表達模式。如果訓練文本中包含偏見或錯誤，這些偏差也會通過模擬反映到 GPT 的回答中。

就像五六歲的孩子在回答超出他們知識範圍的問題時會盡力給出答案，AI 也會嘗試回答它所訓練數據範圍之外的問題。這意味著在某些情況下，AI 可能提供不完全準確或不適當的回答，特別是在面對複雜或專業的主題時。

所以我們必須意識到 GPT 和其他 AI 系統給出的信息不盲目相信，而是保持理性的質疑態度。對那些超出常識範圍的結論和判斷，我們需要求證跟核實才能判斷它們的真實性。通過科學的懷疑方法，我們能更好地利用這些強大工具的價值，同時避免它們的局限帶來的誤導。

6.8 AI 時代的小數據的威力

在 AI 大模型的時代，數據的價值得到了前所未有的放大。與過去依賴大量數據的模式不同，如今在小數據的環境下也能產生極大的價值。因為 Few shot prompting 等新技術的出現，使得僅憑幾千條精準數據就能在 AI 領域發揮巨大的作用。

以往，人們普遍認為只有擁有海量數據 (淘寶、Facebook 等級) 才能使數據具有意義和關聯性。然而，隨著深度學習和大模型的崛起，小數據的重要性逐漸凸顯出來。

對於初入 AI 領域的新手來說，小數據可能是一個令人生畏的概念。實際上小數據也可以產生巨大的價值，只要我們掌握了正確的技術和方法。

微調技術是一種常用的方法，通過對模型進行微小的調整，使其更好地適應特定的數據集，從而提高了模型的性能和泛化能力。

除此之外，集成學習也是在小數據環境下提高模型性能的重要手段之一。通過將多個模型集成在一起，可以綜合各模型的優點，提高整體的預測精度和穩定性。

小數據的價值並不只局限於 AI 領域。在商業、醫療、金融等各個領域中，小數據都可以發揮重要的作用。例如，在醫療領域中，通過對少量患者的精準治療，可以獲得更好的治療效果；在金融領域中，通過對少量樣本的精準分析，可以更好地評估風險和機會。

不要因為公司規模小或者數據量不多而感到無足輕重。事實上，這些小而精準的數據正是大公司最渴望且難以獲得的寶藏。只要善於利用微調技術和集成學習等手段，你將能夠在小數據的環境下獲得意想不到的成果和效益。

在 AI 大模型的時代，我們應該重新審視數據的價值和作用，掌握新技術和方法，挖掘小數據中的寶藏。

6.9 AI 如何生成圖片，影片，音樂？

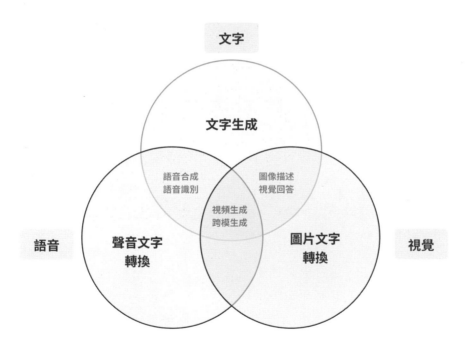

多模態 (文字，視覺，語音) 交互與 GPT 的向量空間。

在自然語言處理領域，GPT 模型取得了顯著的突破。它不僅具備預測和理解信息的能力，還具備將非結構化信息轉換為結構化信息的能力，並可將其存儲在向量數據庫中進行後續的語義分析。此外，GPT 還通過多模態交互，實現了對不同媒體數據（如圖片、視頻、音頻）的處理。

在向量空間中，GPT 將所有多媒體數據轉換為向量，進行各種任務的處理。這些任務包括圖像識別、語音識別、翻譯、語義分析、音樂分析等。通過將不同形式的媒體數據轉換為向量，我們可以輕鬆地找到與特定圖片或音頻相關的單詞，或者比較兩張圖片的相似性。

Embedding 是 GPT 中非常重要的技術，它能夠將各種媒體數據轉換為向量，使得計算機能夠更有效地進行計算。在向量空間中，我們可以通過多種數學方法比較不同向量之間的相似性。例如，計算兩個向量之間的角度、長度或距離，以確定它們之間的關系。

處理大量的向量需要強大的計算能力。因此，GPT 需要 GPU 的運算能力來進行大量的數學運算。在向量數據庫中，我們可以通過多種數學方法比較不同向量之間的相似性。

多模態交互是實現不同數據之間互相轉換、生成和結合的關鍵技術。通過多模態交互，我們可以將這些不同形式的數據進行互相轉換、生成和結合，以完成各種任務。例如，視覺問答、圖文配對、語音合成等。這些任務可以通過多模態交互來完成，以實現更加智能化的應用。

多模態交互的應用場景非常廣泛。在醫療領域中，醫生可以使用語音識別技術將病人的語音轉換為文本，更方便地記錄和整理病情。

在智能家居領域中，用戶可以通過語音識別技術控制家中的設備，如智能音響、智能電視等，同時還可以將家居設備與智能音箱等設備進行聯動，實現更加智能化的家居體驗。

在教育領域中，多模態交互技術可以為學習者提供更加豐富和多樣化的學習體驗，例如結合語音、圖像、視頻等多種模態的信息，使學習者更全面地了解知識點。此外，多模態交互技術還可以應用於機器人助手中，使機器人能夠更好地理解和響應人類的指令和需求。

6.10 如何培養對 AI 原理認知思維？

當我們深入了解 GPT 的原理後，會發現其強大的能力主要來自於我們提出的問題。然而，大多數人在與 GPT 交流時，往往不知道如何提出一個好問題，這導致他們覺得 GPT 的能力有限。因此，我們需要不斷地培養與 GPT 的溝通默契，就像人與人之間的交流一樣，需要不斷地練習和熟悉。

在我們的日常生活中，有三大場景：生活、工作和學習。在這三大場景中，我們可以找到許多與 GPT 交流的機會。例如，在生活方面，我們可以詢問 GPT 關於健康、娛樂、旅行等方面的建議；在工作方面，我們可以向 GPT 尋求關於項目管理、數據分析、市場營銷等方面的幫助；在學術方面，我們可以請教 GPT 關於論文寫作、知識梳理、研究方法等方面的指導。

當我們從這三大場景中不斷尋找與 GPT 交流的機會，並得到滿意的答案時，我們會逐漸建立起對 GPT 的信任和信心。隨著時間的推移，我們甚至會發現自己在許多方面都想與 GPT 一起合作，例如寫郵件、做報告、編寫代碼等。在這個過程中，我們不僅提高了自己的技能水平，還拓展了自己的認知領域。

在訓練與 GPT 的默契之後，我們會發現看待世界的角度和認知方式都會有所不同。我們可能會發現許多事情可以通過與 GPT 的合作來更好地解決，我們也可能發現一些我們暫時不具備的技能，但是通過與 GPT 一起學習，可以在短時間內掌握。

在 AI 的世界中，分析自己的問題並尋求解決方案是至關重要的。 當我們能夠熟練地與 GPT 合作時，我們將能夠更好地理解世界並提高自己的認知水平。

07 | 我們如何跟AI對話

7.1 Prompt 是什麼？

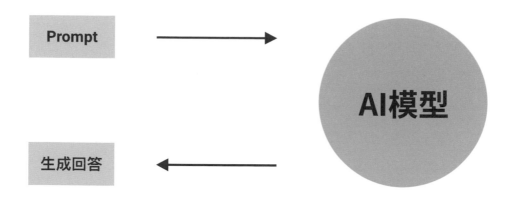

把 Prompt 對大語言模型當做新認識的陌生人，

想要快速地了解他，聽到他想說的，說到他聽的懂。

Prompt（提示）提供『指令』和『上下文內容』，引導語言模型產生期望的輸出。Prompt 是語言模型的輸入，它指導模型產生我們期望的輸出。

Prompt 通常由文字組成，它是用戶輸入的一段文字，為了激發模型產生特定的輸出。我們可以將模型想像為『數字化的大腦』，而 Prompt 則是我們用來與其溝通的語言。這個『數字大腦』是由 AI 公司像 OpenAI 所創建。OpenAI 使用了混合的數據來訓練其模型，這些數據包括網路的數據、人工標籤的數據和公開可用的數據。通過使用人工智能和深度學習算法，OpenAI 將所有龐大的知識訓練壓縮到語言模型中。

ChatGPT 是一個基於深度學習的語言模型。它基於之前接觸的數據，透過統計方法，預測可能的下一個輸出，每一個字都是模型基於統計的「猜測」。

要有效地與大型模型如 ChatGPT 交流，我們需要理解 Prompt 的溝通過程。這是一門充滿實驗性的科學，因為即使是同一問題，不同的提問方式或重複提問，都可能導致不同的回應。

與模型的互動就像和人交談，當我們給出清晰的指令，模型會產生相應的輸出。但如果指令不夠明確，模型可能會回應不相關的答案。

最佳的策略是不斷地嘗試和調整，就像初次見到陌生人一樣，需要不斷地花時間跟精力去培養默契跟感情，慢慢就會懂對方在想什麼，跟如何跟他進行溝通與互動。

Prompt 工程是設計、創造、測試，讓人跟語言模型溝通的方法論。

當我們整理思路或開始記筆記時，腦海中常會出現一片空白，不知如何下筆。即使偶有靈感閃現，有時仍會陷入停滯。這時，ChatGPT 能迅速將您的靈感結構化，一切從一個簡單的 Prompt 開始。在這個過程中，不僅 "問什麼問題" 至關重要，而且 "如何提問" 也顯得同樣重要。這裡的 "如何提問" 即是指如何有效使用 Prompt。

Prompt 是激發對話的關鍵。一旦提問，對話便開始了。如果不提問，則一切止步於此。一旦開始提問，對話的閘門便會打開。因此，學習如何提問並養成這一習慣至關重要，這將幫助您更好地與 AI 互動並進行學習。在這裡所說的 Prompt，並不僅僅是指某些框架化的角色指令或網上看到的炫酷命令，

而是指真正理解 GPT 的過程。在這一過程中，我們要輕鬆自如地提問，讓它能夠理解。我常常問它問題，話說到一半就停下，因為我知道它已經能猜到剩下的部分。這就像與一位熟悉的朋友聊天，不需說完整句，對方已瞭然於胸。這正是 Prompt 的真正意義。

同時，Prompt 也像是一面鏡子。您提供的資訊越多，問題探究得越深入，它展現的答案就越精確、真實。許多人認為由於它是 "AI"，應該像讀心術般理解一切，但事實上，**它更像是一面鏡子：您給予的越多，它回應的就越充分。**

在未來與 AI 共同合作的社會與生活中，Prompt 將成為最重要的語言。

7.2 用跟朋友的方式和 AI 溝通

跟模型對話想像成是跟朋友對話，通常開口最難，如果刻意要想好框架內容才開口， 很容易就停在思考用什麼框架，而沒有去真正的執行，通常我都會嘗試著先開口， GPT 自然而然就會跟你對話下去，思考跟創意就會開始了！

用一般人溝通的方式，就像平時人與人的講話，去跟 AI 溝通。以前的時代都需要寫 code，讓一般人進入的門檻很高，但現在只要用正常講話的方式去跟 AI 溝通就可以了。

最佳策略就是不斷嘗試跟調整，像初次見到陌生人一樣，需要不段花時間跟精力去培養默契跟感情，慢慢就會懂對方在想什麼，跟如何跟他進行溝通與互動。

7.3 Prompt 學習心法

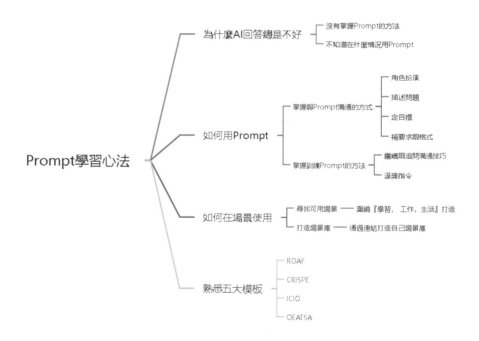

很多人用 ChatGPT 以後第一個通點就是：用的不好，回答好普通，沒什麼參考價值，跟去 Google 差不多。

另外個問題就是不知道『用在哪裡』，沒有對的場景可以用，也就是說就算有了 ChatGPT 也不知道問他什麼問題，一下子就冷場不知道講什麼了，不知道可以幹嘛。

所以在這兩個問題情況下，跟 AI 三分鐘熱度過後，也就不再回去了。你的生活，工作依舊一成不變。

但我用 ChatGPT 的結果可能跟你不太一樣。

GPT4 剛出的時候我曾測試過單純用 Prompt 而已完整寫一個虛擬貨幣金流打賞網站，現在 ChatGPT 已經成我私人助理，現在的工作效率已經完全給 AI 接管或是輔助，把我整體工作效率提升好幾倍。AI 已經完全滲透了我工作，生活，學習的各個層面。

同樣都是 ChatGPT，我能改變我的生活工作，但大部分的人都處於不知道怎麼用，問不出什麼東西。

我們的差別其實只在於這兩點：

1. 你有了 ChatGPT 這個超級 AI 工具，但不知道怎麼用它。

沒有掌握正確使用 AI 的方法跟心態

2. 你會使用這個 AI 工具，但卻又不知道在什麼場景下使用。

無法讓 AI 跟自身的應用場景串接在一起，所以該用的時候卻沒用到，最後工具只能閒置在那裡。

ChatGPT 生成的答案，完全取決於你『問他』，跟『引導他』的方式。

如果你能問的好，引導好，他就會產生讓你驚喜的答案，相反的如果沒問好，他就會很無聊有點像 Google 的方式給你答案。

『問他』的方式就是 Prompt，『引導他』的方式就是如何調教 Prompt 的方法。

可以把 Prompt 想像成如何讓 AI 清楚的知道你想要表達什麼，如果沒有問好，那麼 ChatGPT 給你的答案會很像 Google 搜尋出來拼湊出來的總和，沒有很大的本質差別。

所以想要獲得 AI 高質量的回答，先學會 Prompt AI 溝通的語言是最重要的。

不會寫Prompt的問答

You
你是倫敦專業導遊，我要去倫敦玩，兩個人，行程五天，幫我規劃份行程攻略，我喜歡有歷史的景點，附上景點跟相對預算，越詳細越好

ChatGPT
規劃一個為期五天的倫敦旅遊行程，專注於歷史景點，適合兩人旅遊，這個行程將包括主要景點的訪問時間和推薦的預算。

第一天：倫敦市中心
1. 大英博物館
   * 時間：上午9:00 - 下午1:00
   * 預算：免費（建議捐款£5）
2. 午餐：附近餐廳
   * 時間：下午1:00 - 2:00
   * 預算：約£10 - £20 每人
3. 倫敦塔和塔橋
   * 時間：下午2:30 - 5:30
   * 預算：約£25 每人
4. 晚餐：泰晤士河畔餐廳
   * 時間：晚上6:00 - 7:30
   * 預算：約£20 - £40 每人

第二天：西敏市區
1. 威斯敏斯特教堂
   * 時間：上午9:00 - 11:00
   * 預算：約£20 每人
2. 倫敦眼（可選）
   * 時間：上午11:30 - 下午12:30
   * 預算：約£30 每人
3. 午餐：河畔小餐館
   * 時間：下午1:00 - 2:00
   * 預算：約£15 - £25 每人
4. 白金漢宮和聖詹姆斯公園
   * 時間：下午2:30 - 4:30
   * 預算：免費
5. 晚餐：西敏市區餐廳
   * 時間：晚上5:00 - 6:30
   * 預算：約£20 - £35 每人

第三天：博物館之旅
1. 自然歷史博物館
   * 時間：上午9:00 - 11:30
   * 預算：免費（建議捐款£5）
2. 維多利亞和阿爾伯特博物館
   * 時間：中午12:00 - 2:00
   * 預算：免費（建議捐款£5）
3. 午餐：博物館區咖啡館
   * 時間：下午2:00 - 3:00
   * 預算：約£10 - £20 每人
4. 科學博物館
   * 時間：下午3:30 - 5:30
   * 預算：免費（建議捐款£5）
5. 晚餐：南肯辛頓地區
   * 時間：晚上6:00 - 7:30
   * 預算：約£20 - £40 每人

會寫Prompt的問答

You
我要去倫敦玩，兩個人，幫我寫旅遊攻略

ChatGPT
计划前往伦敦的旅游攻略，对于两个人来说，可以这样规划：

第1天：伦敦市中心
* **上午**：参观伦敦塔和塔桥。历史悠久，是伦敦的标志性建筑。
* **中午**：在泰晤士河畔享用午餐，欣赏河景。
* **下午**：游览伦敦眼，乘坐摩天轮看伦敦全景。
* **晚上**：前往西敏寺和大本钟附近散步。

第2天：文化探索
* **上午**：参观大英博物馆。建议提前规划想看的展区。
* **中午**：在博物馆附近的餐厅用餐。
* **下午**：前往国家美术馆，欣赏艺术作品。
* **晚上**：在莱斯特广场或苏活区享用晚餐，体验伦敦夜生活。

第3天：购物与公园
* **上午**：前往牛津街和摄政街购物。
* **中午**：在附近的咖啡馆或餐馆享用午餐。
* **下午**：游览海德公园，可以租赁自行车环游公园。
* **晚上**：尝试一些当地的酒吧或小餐馆。

第4天：历史与现代的融合
* **上午**：参观西敏寺和白金汉宫。
* **中午**：在附近享用传统英式午餐。
* **下午**：探索肯辛顿花园和哈罗德百货。

Message ChatGPT...

ChatGPT can make mistakes. Consider checking important information.

第四天：東倫敦探索

1. 格林威治天文台
   - 時間：上午9:00 - 11:00
   - 預算：約£15 每人
2. 格林威治市場和午餐
   - 時間：上午11:30 - 下午1:30
   - 預算：約£10 - £20 每人
3. 倫敦塔碼頭游船
   - 時間：下午2:00 - 4:00
   - 預算：約£15 每人
4. 晚餐：東倫敦特色餐廳
   - 時間：晚上5:00 - 6:30
   - 預算：約£20 - £35 每人

第五天：購物和休閒

1. 哈洛德百貨
   - 時間：上午10:00 - 中午12:00
   - 預算：視購物情況而定
2. 康普頓街和午餐
   - 時間：下午12:30 - 2:00
   - 預算：約£15 - £25 每人
3. 皮卡迪利廣場和蘇活區
   - 時間：下午2:30 - 5:00
   - 預算：免費（除購物外）
4. 告別晚餐：倫敦市中心
   - 時間：晚上6:00 - 7:30
   - 預算：約£25 - £50 每人

注意事項：

- 所有時間和預算都是估計，可能因個人興趣和當天情況而有所變動。
- 建議提前在網上預訂一些門票以避免排隊。
- 請根據個人喜好和能力調整步行和交通工具的使用。

這個行程旨在提供豐富的歷史體驗，同時也留有一定的靈活性以適應您的興趣和需要。
祝您在倫敦有一段難忘的旅程！

這樣介紹完應該看的出來會寫 Prompt 跟不會寫的人，一樣都是 ChatGPT 給出來的回答完全質量不一樣。

現在開始教學如何寫好 Prompt:

好的 Prompt 是由角色扮演＋描述問題＋定目標＋要求跟格式構成的。

1. 角色扮演 (Role)：賦予 AI 身份，讓他馬上進入具體場景。
2. 描述問題 (Context)：告訴 AI 你的問題，以及補充其他背景資料，你覺得可以幫到 AI 回答問題的任何資訊都可以提供。
3. 定目標 (Goal)：告訴 AI 你的需求，具體你希望他怎麼幫到你，越詳細越好。

4. 要求跟格式 (Format)：告訴 AI 它的回答的需要注意什麼，用什麼形式回答你，字數多少，風格是怎麼樣。

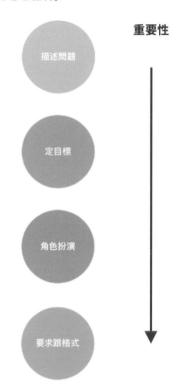

在一個完整的 Prompt 元素只有描述問題跟定目標是基本跟必要的，剩下『角色扮演』跟『要求與格式』是做出好的 Prompt 的關鍵元素。

這邊來分析剛剛 ChatGPT 裡面倫敦旅遊攻略的問題：

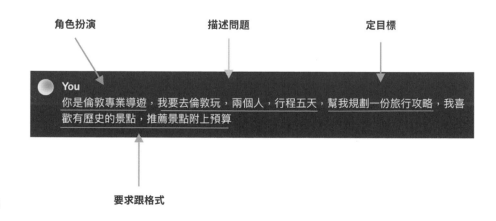

這樣看起來是不是就好懂很多了？ 一個好的 Prompt 順序也是要照這樣子排列。

角色扮演 -> 描述問題 -> 目標 -> 格式

看到這樣的範例，對於裡面的 "描述問題，定目標，格式"，感覺很正常，很像一般跟人對話時要精準的問對方一個問題一樣。

但為什麼要有『角色扮演』這個元素在裡面？

我們先來看一下同個 Prompt，有加入『角色扮演』跟沒加入的情況。

有角色扮演的情況

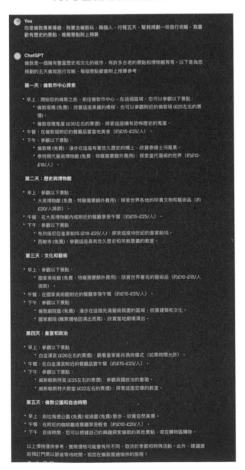

沒有角色扮演的情況

當我們在提問中加入專家角色，AI 提供的回答將更具體、更實用，且語氣更加人性化。這種差異的原因其實很容易理解。讓我們用一個不同的例子來說明：想像 AI 的知識就像一座龐大的圖書館。

在沒有專家角色的情況下，AI 就像一個圖書管理員，雖然知道每本書的位置，但是對書中的內容理解不夠深入。它能提供建議，但往往缺乏針對性。

然而，當我們給 AI 加上專家角色後，它就不再僅僅是一個簡單的圖書管理員了，而是變成了一個領域內的實戰派專家。它不僅知道在哪裡找到信息，還能根據專業知識來給出具體的建議。

換句話說，專家角色幫助 AI 確定場景，明確問題範圍，並補充必要的背景信息。

因為一個領域的專家代表了該領域的知識體系和最高標準。 這就像是給 AI 加上了一個增強其能力的聰明藥。

所以，當我們在 AI 掌握的知識基礎上，再疊加上專業領域的聰明藥，其回答自然會與之前僅基於廣泛知識的回答有所不同。

因此，如果你的問題需要深度和專業性，而不是簡單的搜索引擎式回答，那麼請記住向 AI 提問時，首先給它加上專家的聰明藥。完成這一步驟後，再告訴它你的具體要求和補充信息。

明白了給 ChatGPT 加上專家聰明藥的重要性後，下面是如何實現這一點：

其實很簡單，根據我的實踐經驗，以下幾種提示都很有效：

1. 你現在是 [xx]

2. 請你扮演 [XX]

3. 假如你是 [XX]

4. 請你以 [XX] 的角度 / 身份 / 語氣

這些提示詞都能被 AI 理解和接受，你只需選擇一種最適合你的表達方式即可。

這套 Prompt 架構是通用的，基本上可以應用在所有場景。

範例 1：設計英文試聽課程

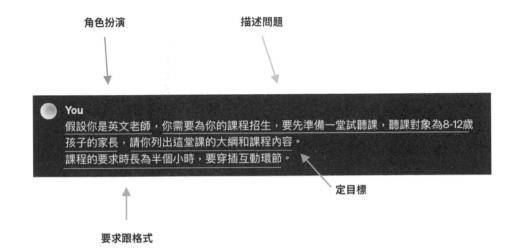

You

假設你是英文老師,你需要為你的課程招生,要先準備一堂試聽課,聽課對象為8-12歲孩子的家長,請你列出這堂課的大綱和課程內容。
課程的要求時長為半個小時,要穿插互動環節。

ChatGPT

當然,這裡是一個適合8-12歲孩子家長的試聽課程大綱,以半小時的課程時長為基礎,並融入互動環節:

試聽課程大綱:英語樂趣班

1. 開場 (5分鐘)

- **歡迎與介紹**:簡單介紹老師背景和課程目標。
- **學生及家長介紹**:讓家長簡短自我介紹,增加互動和親近感。

2. 課程內容 (15分鐘)

- **主題**:"探索日常"(以日常生活為主題的基礎英語)
- **互動學習**:
  - **圖片描述**:使用生動的圖片,鼓勵孩子用英語描述圖片中的場景或物品。
  - **角色扮演**:簡單的對話練習,例如在商店購物、在學校的對話等,提升口語表達能力。

3. 互動遊戲 (5分鐘)

- **英語單詞接龍**:透過遊戲方式學習新單詞,增強記憶。
- **小組競賽**:分組進行簡單的英語問答,增加學習動力。

4. 總結與問答 (5分鐘)

- **總結**:回顧課程重點,強調學習英語的樂趣和重要性。
- **家長問答**:開放時間給家長提問,關於課程內容或學習方法等。

補充說明:

- 課程設計強調互動性和趣味性,旨在使孩子在輕鬆愉快的氛圍中學習英語。
- 特別注意孩子的參與度和興趣,確保課程對孩子來說既有教育意義又具吸引力。

這樣的課程設計旨在展示給家長們,我們的英語課程不僅注重語言學習的基礎,同時也注重培養孩子的興趣和互動能力。

範例 2：AI 市場分析專家

You
請你扮演大數據分析專家

我公司準備進入AI大模型創業，對AI當下市場狀況不清楚，幫我搜集一下關於AI大模型領域的分析報告

請注意幾點：
1.答案用繁體中文回答
2.把你搜集到內容整理成"表格"回覆給我
3.把蒐集到的內容進行分析整理，給我一個完整的總結

‹ 2/2 › ✔

ChatGPT
以下是關於AI大模型領域的分析報告，按照你的要求整理成表格，然後提供總結：

項目	資訊
市場規模	AI大模型市場預計在2023年將達到500億美元，預計將持續增長，並在未來幾年內取得顯著增長。
主要參與者	主要參與者包括OpenAI、Google、Microsoft、Facebook等科技巨頭，以及一些初創公司。
應用領域	AI大模型被廣泛應用於自然語言處理、機器翻譯、影像辨識、自動化客服、金融領域、醫療保健等多個領域。
技術發展	AI大模型的技術發展不斷演進，包括語言模型、生成對抗網絡（GANs）、強化學習等技術的應用。
挑戰和風險	隨著AI大模型的發展，出現了一些挑戰和風險，包括數據隱私、偏見和不公平性、計算資源需求等問題。
機會和趨勢	AI大模型在自動化和優化各種任務方面有巨大機會，如自動化報告生成、人工智慧助手、智能搜索等趨勢。
法規環境	不同國家和地區對於AI大模型的法規環境各異，需要注意遵守當地的數據保護和倫理規定。
投資和資金	AI大模型初創公司吸引了大量投資，但也存在市場競爭激烈和資金壓力的風險。
未來展望	AI大模型市場有望在未來幾年內持續增長，但需要謹慎應對技術和法規方面的挑戰，並探索新的應用領域。

總結：
AI大模型市場目前處於高速增長階段，預計未來幾年內將繼續擴大。科技巨頭和初創公司都積極參與其中，並在各種應用領域中找到商機。然而，這一領域也面臨著數據隱私、偏見和不公平性、計算資源需求等挑戰和風險，需要謹慎應對。未來，自動化和優化任務、智能搜索等趨勢將繼續推動AI大模型的應用。在投資方面，初創公司吸引了大量資金，但市場競爭激烈，需要謹慎選擇戰略。總的來說，AI大模型領域充滿機會和挑戰，需要密切關注技術和法規發展，以實現長期成功。

🗍 👍 👎 🗩 ↺

剛剛教的是一套標準 Prompt 心法，今天不管是問 ChatGPT，還是 Google Bard 或其他 AI 大語言模型都是通用的。基本上如果照著模板打，AI 回答出來的質量都會還滿穩定的。

記得心法不要用死了，要根據實際問題跟場景靈活變化。

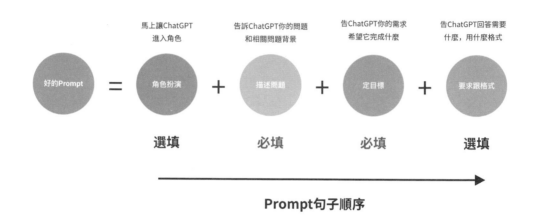

這樣就完整掌握 Prompt 心法了。

但如果碰到複雜問題，或是無法一次性回答的問題，如果我們需要更深度、更有價值跟個性化的回答，那就會需要用 Prompt 技巧調教一下了。

▶ 7.3.1 調教方法

這同時也是 ChatGPT 最大的能力，可以進行多輪的深度溝通，而不是單純的 input 跟 output 而已。

我們在跟它進行對話時，它可以記住我們先前的對話內容，讓我們很簡單的『調教』它的回答，根據回答我們可以更深入地往下問延伸性的問題，問到我們滿意為止。

追問調教法：

這邊示範基本的調教 (追問)，我們用剛剛英文課程的當作調教範例：

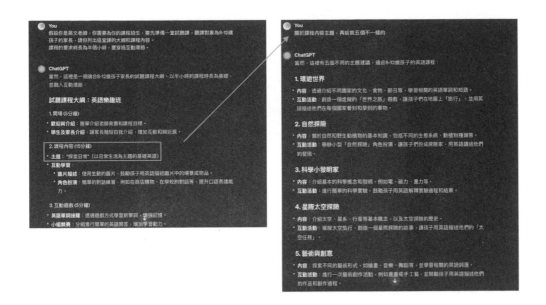

這邊我繼續問 (第二個問題)ChatGPT 關於課程內容，給我五個不一樣範例。

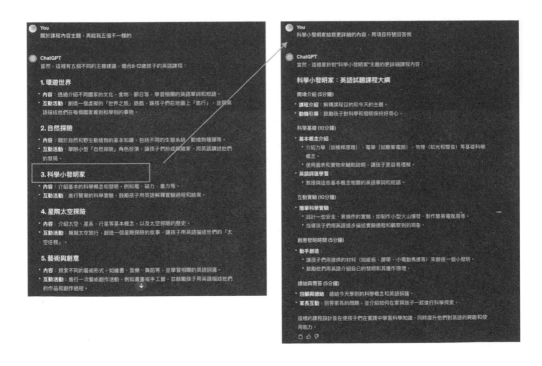

他產生了五個範例後我選了科學小發明家，請它給我更詳細的內容。

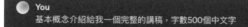

これ我再請他把其中一個內容直接給我完整的講稿，這樣連續對話後答案就會變得越來越精準，甚至最後直接給你講稿了。

當使用追問調教的時候有兩點事情要注意：

1. 指令要清楚

當你往下追問太多層的時候，要跟 ChatGPT 明確指出你希望哪個部分進行延伸回答或是解釋，要不然當他搞錯方向的話，他的記憶順序會亂掉，很難把它拉回來，有可能就要開新的對話視窗重新開始了。

2. 不要在同一個對話視窗裡面突然換另外一個角色或問題

我們有提到 AI 大語言模型有強大多輪對話的能力，但他的記憶長度跟順序 (後面章節會詳細説明) 是有順序的，如果穿插不一樣問題、場景或是角色，很容易就亂掉，亂掉的話就會碰到你怎麼問它的回答都是答非所問的感覺。這時候最好的方法就是開新視窗重新問他一遍。

如果你沒有切換，但如果在調教過程你發現他有點跑偏了，也是最好重開一個新的視窗，然後可以用獎懲調教方式讓他一直保持在對的方向。

獎懲調教法：

這個獎懲調教法 (機器學習裡面的監督式學習)，也是 ChatGPT 能力這麼強的原因，OpenAI 花了大量研究在這部分。它就像我們教育孩子一樣，如果你希望你的孩子達到你理想型為標準，那麼你就要對他進行嚴格的監督教育，如果孩子做得好，我們就要及時誇獎，鼓勵他變得更好。

相反的如果做得不好，我們就要對他進行懲罰，讓孩子知道這樣做是錯的，即時修正。

通過這樣不斷的棒子 + 獎勵的反覆糾正下，孩子自然就會慢慢知道你要什麼，而往那個方向走。

對 AI 的回答也是一樣，我們要即時的跟它説這樣回答對了，這樣回答錯了。差別在於如果 AI 往錯的方向走，基本上不太需要耗時間把它拉回來，對 AI 大語言模型來講他的記憶跟邏輯順序如果被打亂了，最好的方式就是開新視窗，可以想像電腦如果當機最好的方式就是重開的感覺。

這個是剛剛範例裡面講稿的『獎勵』說法：

這樣子請他繼續寫，他就會照原本的風格跟內容深度，繼續往下延伸，或是如果要講別的題目（一樣在同個英文課程場景裡面），AI 都會記得你跟他說過這部分好，用這部分當作基礎產生新的答案

這個是剛剛範例裡面講稿的『懲罰』說法：

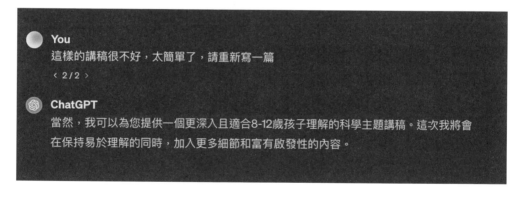

這樣子跟他說不好，請他重寫，就要反覆修正裡面的內容，直到你滿意為止，如果你發現不管你怎麼問它，它的答案都差不多的話，代表他記憶已經亂掉了，這時候就要馬上開新的對話視窗重新來過了。

常見的獎勵說法有：

1. 沒問題
2. 很好

3. 非常棒

4. 繼續保持

5. 這邊都對

常見的懲罰說法有：

1. 重來

2. 你錯了

3. 這邊不對

4. 不是這樣講的

5. 請認真重新思考

這樣我們掌握了基本 Prompt 心法，跟如何調教 AI 了。

但我們也都知道，不管是知識還是技術，還是工具，最終的目的都是為了幫助我們創造實際生產力跟價值存在的。

所以就算會了上面所教的一切，沒有找到適合的場景使用，AI 也無處發揮，變得使用頻率很低，甚至完全用不起來的原因就是因為沒有把 AI 跟你所需要的場景串在一起。

慢慢也就忘了生疏了，更何況在 AI 時代裡面 Prompt 本身是跟 AI 模型一起同步進化的，有時候學的 Prompt 技巧，會因為 AI 模型升級直接不用了。

譬如 GPT4 剛出的時候，很多時候 Prompt 真的是要打的很詳細跟完整，回答才會是你想要的，但現在慢慢的被全世界的人『調教』過後，GPT 也慢慢知道每個問題的答案大概是什麼方向了，有些問題已經不用打那麼完整，他也可以給出不錯的答案了。

所以要讓 AI 發揮最大價值，你必須找到自己的應用場景，真正的開始融入使用起來。

如何融入 AI 創造實際價值？

我們可以先從每個人都會碰到的三個維度 (學習、生活、工作)，根據我們自身情況去找場景運用 AI。

1. 學習案例 1: 利用 AI 理解艱難的知識，獲得啟發。

You
你是世界級物理學家，請解釋"量子力學跟AI之間的關係"，對於未來怎麼影響世界。
請用小孩子聽得懂方式進行解釋，繁體中文回答，語言風格活潑，附上一個範例。

ChatGPT
量子力學和人工智慧（AI）之間的關係，就像是超級英雄和他們的超能力一樣。想像一下，量子力學是一種神奇的科學，它探討的是微小粒子，比如電子和光子這些超級小的東西，在非常非常小的世界裡是怎麼運作的。這個小世界裡的規則，跟我們日常生活中的規則不太一樣，有點像是超級英雄電影裡的魔法世界。

現在，想像人工智慧（AI）就像是一位聰明絕頂的超級英雄。它能夠學習很多事情，解決很多難題，甚至做出人類做不到的事情。但是，就像許多超級英雄需要特別的能量或工具一樣，AI也需要特別的「大腦」，也就是非常強大的電腦來幫助它思考和學習。

量子力學和AI之間的關係，就在於量子力學可以幫助製造出一種特別的、超級強大的電腦，我們叫它「量子電腦」。量子電腦利用量子力學的那些魔法規則，能夠非常快速和有效地處理資訊，比現在的電腦快多了。

當AI遇上量子電腦，就像超級英雄得到了一個強大的新武器。這樣的組合未來可以幫助我們解決更多複雜的問題，比如醫學上的研究、氣候變化的預測，甚至是探索外太空的奧秘。所以，量子力學和AI之間的合作，對於未來的世界來說，是非常令人興奮和期待的！

想像一下，就像超級英雄們使用他們的特殊能力來拯救世界一樣，量子力學和AI的結合也會帶來許多驚人的發現和進步，幫助我們的世界變得更好。

學習案例 2: 利用 AI 實現跟大師對話式學習

ChatGPT

當然可以。作為賈伯斯的角色,我準備好回答你的問題了。請開始提問吧。

You

請介紹一下你自己

ChatGPT

作為賈伯斯的角色,我會這樣介紹自己:

大家好,我是史蒂夫·賈伯斯。我是蘋果公司的共同創辦人之一,也是一位企業家和創新者。我的生涯中,我專注於設計和推出革命性的產品,包括麥金塔電腦、iPod、iPhone和iPad。我對產品設計的獨特理念和對細節的堅持被廣泛認為是推動了現代消費電子產業的革新。

除了蘋果,我還創立了皮克斯動畫工作室,該工作室製作了一系列成功的動畫電影,如《玩具總動員》和《尋找尼莫》。我一直相信技術和藝術的結合能夠創造非凡的用戶體驗。

我的職業生涯充滿了挑戰和轉折,包括在1985年被蘋果董事會解職,以及後來在1997年重返蘋果。我堅信「保持饑餓,保持愚蠢」(Stay Hungry, Stay Foolish)的理念,這也鼓勵我不斷追求創新和卓越。

🔖 👍 👎 🔄

在這場景之下你可以把賈伯斯切換成任何一個名人科學家,就可以與他們對他談。

學習案例 3: 利用 AI 總結長篇文章，提高理解效率。

> **You**
> 你是世界級哲學大師，我有一篇關於蘇格拉底的哲學文章，幫我總結，用小孩子都看得懂的方式。
> """
> 蘇格拉底教學法
> 主條目：蘇格拉底教學法
> 蘇格拉底對於西方思想最重要的貢獻或許應該是他的辯證法（用一個問題回答一個問題）來提出問題，這被稱為蘇格拉底教學法或詰問法，蘇格拉底將其運用於探討如神和正義等許多重要的道德議題上。這最早的記載是出自於柏拉圖的蘇格拉底對話錄上，蘇格拉底通常被視為是西方政治哲學和倫理學或道德哲學的奠基之父，也是西方哲學的主要思想根源之一。
> 蘇格拉底認為每個人都生活在「實在」中，但有些人認識不到自己邏輯上的錯誤，因此有各種錯誤的想法。蘇格拉底用一系列的問題協助一個人或一群人來判斷他們的信念，例如神或正義是否存在的問題，指出他們的回答中的漏洞，藉此讓他們認識自己的邏輯和認識上的錯誤。這種方法是屬於假說消除的被動方法，隨著受測者承認更進一步的假說，在消除之前的假說的過程中必然產生矛盾。這種方法是用於逼使一個人檢視他自己的信念和這種信念的真實性。
> """
> 🖉

> **ChatGPT**
> 蘇格拉底是一位非常聰明的哲學家，他有一種特別的教學方法，就像是玩猜謎遊戲一樣。他不直接告訴人們答案，而是用問題來回答問題。這種方法叫做蘇格拉底教學法，或者詰問法。
>
> 蘇格拉底認為，每個人都生活在一個叫做「實在」的世界裡。但是有時候，人們會有錯誤的想法，因為他們沒有意識到自己的思考上有些小錯誤。蘇格拉底會用一連串的問題來幫助人們思考，比如說神或者正義這樣的大問題。他會指出人們回答中的不足之處，讓他們發現自己思考上的小錯誤。這個方法就像是一種遊戲，幫助人們一步一步地排除錯誤的想法，直到找到最真實的答案。
>
> 蘇格拉底的這種方法對於西方的政治和道德哲學有很大的影響，他被認為是西方哲學的奠基人之一。通過这种方法，蘇格拉底幫助人们更好地了解自己和周围的世界。
>
> 📋 👍 👎 💬 ↻ ↓

任何你有興趣的領域，AI 都可以當你的 24 小時天才顧問。除了這些問題以外，當然還可以請 AI 當你的英文老師、物理老師等等的。

2. 工作場景 1: 幫我寫一篇 Facebook 行銷文案推廣我男裝品牌

You

你是Facebook社群大師,幫我寫一篇關於我男裝服飾品牌(WHIZV)的廣告貼文,我是給 Z世代穿的英倫風格

ChatGPT

當然可以!根據您提供的信息,我將為您的男裝服飾品牌 WHIZV 創建一篇針對 Z 世代 的 Facebook 廣告貼文,強調英倫風格的特點:

🌟 探索新英倫風格 🌟
🎽【WHIZV】— Z 世代的時尚選擇 🎽

Hey Z 世代!準備好迎接英倫時尚的新浪潮了嗎?WHIZV 為你帶來經典而現代的男裝系 列,專為那些敢於表達自己獨特風格的你設計。

◆ 英倫精神,現代演繹:我們的每件作品都融合了英國傳統與當代時尚的精髓,打造 出既經典又時髦的外觀。

◆ 質量與舒適兼備:選用上乘面料,注重細節與工藝,每件服裝都是對品質的堅持。

◆ 展現個性:從休閒到正式,WHIZV 提供多樣化的選擇,讓你在任何場合都能展現自 我風格。

◆ 環保時尚:我們承諾使用可持續材料,為地球盡一份力,同時也為你的衣櫥增添責 任感。

👕 穿上 WHIZV,拍下你的英倫時刻,並使用 #WHIZVStyle 分享你的故事!

探索我們的最新系列,開啟你的英倫時尚之旅。現在就來 [網站連結] 深入了解吧!

👉【跟隨我們 @WHIZV】獲取更多時尚靈感與獨家優惠!

#WHIZV #Z世代時尚 #英倫風格 #男裝精選

這篇廣告貼文旨在吸引 Z 世代的注意,強調你品牌的獨特英倫風格,並結合現代時尚元 素。可以根據您的具體需求進行調整。

📋 👍 👎 🔄

工作場景 2: 大學畢業生第一封求職信

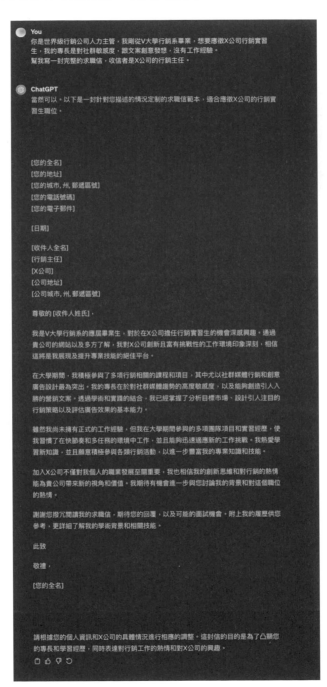

You
你是世界級行銷公司人力主管，我剛從V大學行銷系畢業，想要應徵X公司行銷實習生，我的專長是對社群敏感度，跟文案創意發想，沒有工作經驗。
幫我寫一封完整的求職信，收信者是X公司的行銷主任。

ChatGPT
當然可以。以下是一封針對您描述的情況定制的求職信範本，適合應徵X公司的行銷實習生職位。

[您的全名]
[您的地址]
[您的城市, 州, 郵遞區號]
[您的電話號碼]
[您的電子郵件]

[日期]

[收件人全名]
[行銷主任]
[X公司]
[公司地址]
[公司城市, 州, 郵遞區號]

尊敬的 [收件人姓氏]，

我是V大學行銷系的應屆畢業生，對於在X公司擔任行銷實習生的機會深感興趣。通過貴公司的網站以及多方了解，我對X公司創新且富有挑戰性的工作環境印象深刻，相信這將是我展現及提升專業技能的絕佳平台。

在大學期間，我積極參與了多項行銷相關的課程和項目，其中尤以社群媒體行銷和創意廣告設計最為突出。我的專長在於對社群媒體趨勢的高度敏感度，以及能夠創造引人入勝的營銷文案。透過學術和實踐的結合，我已經掌握了分析目標市場、設計引人注目的行銷策略以及評估廣告效果的基本能力。

雖然我尚未擁有正式的工作經驗，但我在大學期間參與的多項團隊項目和實習經歷，使我習慣了在快節奏和多任務的環境中工作，並且能夠迅速適應新的工作挑戰。我熱愛學習新知識，並且願意積極參與各類行銷活動，以進一步豐富我的專業知識和技能。

加入X公司不僅對我個人的職業發展至關重要，我也相信我的創新思維和對行銷的熱情能為貴公司帶來新的視角和價值。我期待有機會進一步與您討論我的背景和對這個職位的熱情。

謝謝您撥冗閱讀我的求職信，期待您的回覆，以及可能的面試機會。附上我的履歷供您參考，更詳細了解我的學術背景和相關技能。

此致

敬禮，

[您的全名]

請根據您的個人資訊和X公司的具體情況進行相應的調整。這封信的目的是為了凸顯您的專長和學習經歷，同時表達對行銷工作的熱情和對X公司的興趣。

3. 生活場景 1:AI 健身教練

> **⊛ ChatGPT**
>
> 基於您的需求，我為您制定了一個以體重訓練為基礎的家庭健身計劃。這個計劃將幫助您改善久坐帶來的不適，增強肌肉力量，並促進整體健康。請記住，在開始任何新的健身計劃之前，最好先咨詢醫生或專業健身教練。
>
> ### 健身計劃表
>
> | 星期 | 訓練內容 | 備注 |
> |---|---|---|
> | 週一 | 休息日或輕微活動（如散步） | 給身體恢復的時間 |
> | 週二 | 俯臥撐 3組 x 10-15次、深蹲 3組 x 15-20次 | 間隔休息30-60秒 |
> | 週三 | 核心訓練：仰臥起坐 3組 x 15次、平板支撐 3組 x 30秒 | 專注於核心肌群的強化 |
> | 週四 | 休息日或輕微活動（如瑜伽） | 保持身體活躍，避免久坐固定姿勢 |
> | 週五 | 俯臥撐 3組 x 10-15次、仰臥腿升 3組 x 15次 | 增強上身和核心肌群 |
> | 週六 | 深蹲 3組 x 15-20次、平板支撐 3組 x 30-45秒 | 強化下肢和核心肌群 |
> | 週日 | 休息日或輕微活動（如散步） | 避免肌肉過度勞累 |
>
> ### 健身建議
>
> 1. **熱身和拉伸**：每次鍛煉前後都進行5-10分鐘的熱身和拉伸，以避免受傷。
> 2. **漸進原則**：根據您的體能水平調整訓練強度和組數，切勿急於求成。
> 3. **持之以恆**：規律性比強度更重要，確保持續且規律地進行鍛煉。
> 4. **飲食和休息**：均衡飲食和充足睡眠對恢復和進步至關重要。
> 5. **記錄進步**：記錄您的訓練和體能變化，以便觀察進步並進行調整。
>
> 在進行這些鍛煉時，請始終專注於正確的姿勢和呼吸，以最大化效果並降低受傷風險。隨著您的體能改善，您可以逐漸增加訓練的強度和復雜度。
>
> ⎗ 👍 👎 ↺

生活場景 2:AI 私人營養師

> **You**
> 你是世界級營養飲食大師，我目前久坐電腦前很少運動，想嘗試生酮飲食，我早餐平時只喝黑咖啡，給我一個詳細的初學者生酮飲食建議。
> ✎
>
> **ChatGPT**
> 生酮飲食是一種低碳水化合物、高脂肪的飲食方式，旨在使身體進入一種稱為「生酮狀態」的代謝狀態，從而燃燒脂肪來產生能量。對於初學者來說，重要的是循序漸進地調整飲食。以下是一些基本的建議：
>
> 1. **早餐：**
>   - 由於您已經習慣於喝黑咖啡，您可以考慮將它改為「生酮咖啡」，即在黑咖啡中加入一湯匙椰子油或黃油，以增加健康脂肪的攝入量。
>   - 如果您想吃固體食物，可以嘗試煎蛋、培根、牛油炒蔬菜，這些都是生酮飲食中的好選擇。
> 2. **午餐和晚餐：**
>   - 著重於高脂肪和適量蛋白質的食物，例如牛排、油煎魚、雞肉，並搭配低碳水化合物的蔬菜，如花椰菜、菠菜和生菜。
>   - 避免高碳水化合物的食物，如米飯、麵條、麵包和糖果。
> 3. **零食：**
>   - 生酮友好的零食包括堅果（如杏仁和核桃）、芝士、牛油果或一些高脂肪的乳酪。
> 4. **水分攝取：**
>   - 生酮飲食初期可能會導致身體水分和電解質的流失，所以確保充分補水並攝取足夠的鹽分（可以通過飲用含有鹽分的湯或骨湯來補充）。
> 5. **維持均衡：**
>   - 雖然生酮飲食強調高脂肪，但仍需確保飲食中包含足夠的蛋白質和纖維，以及必要的維生素和礦物質。
>
> 最後，建議在開始任何飲食調整之前，尤其是生酮飲食，先諮詢醫療專業人士或營養師，以確保這種飲食方式適合您的個人健康狀況。進行任何顯著的飲食改變時，了解您的身體如何反應也很重要。
>
> 🗋 👍 👎 ↻   ↓

舉了這些例子以後會發現，其實生活工作可以用到 ChatGPT 的地方真的數不完。只是看你會不會問而已，如果一開始還不習慣的話可以逼自己把一些工作上碰到的問題，跟 ChatGPT 聊聊，用剛剛提供的 Prompt 心法，跟追問下去，相信它的回答不會讓你失望的。

這些例子本身只是讓你開竅，原來是這麼用的，要如何挖掘場景才是你需要從生活中觀察到的。

最後當你建立了多個不同場景的時候,譬如你的健身教練、英文老師等等,如果每次都要重開視窗再打一次 Prompt,然後追問個五六回合才回到你要的結果就真的太沒效率了。

ChatGPT 每個對話都是個獨立網址,如果你不特別刪除對話是不會消失的。

所以可以把你的 AI 名字跟獨立網址另外存在 Google Sheet 或 Notion,以後要什麼情況需要使用的時候就可以直接點那個網址,就可以使用那個專屬調教過的 AI 了。

Prompt 框架:

除了 Prompt 心法以外,還有很多很好用的 Prompt 框架可以在不同場景使用。但其實全部都是由那幾個核心元素演變出來的。善用框架有很多好處,譬如可以把自己設計好的 Promp 框架發給同事互相分享,這樣可以預期大家的 AI 回答的格式都差不多。

另外還有不會浪費記憶長度跟 Token 消耗,因為如果照著對的框架輸入正確的問題,通常 ChatGPT 就會一次給到位,不用再深度多輪對話問到你想要的答案了。

1. ROAF 框架:

Role:扮演什麼角色。

Objective: 解決什麼問題。

Audience: 對象是誰。

Format: 需要什麼格式。

範例 (只需要 Role，Objective)

你是世界級 ai 專家，跟我解釋 gpt 是什麼？

對象跟格式非必填，大部分時候提供扮演角色跟解決什麼就可以了，接下來從他的回答再進行追問調教。這個框架適合 Prompt 有經驗的人，畢竟很多問題都是要追問才會得到深入的解答，不如就趕快先開始讓 ChatGPT 把問題發散，然後我們再透過 Prompt 追問把問題收斂到我們要的答案。

2. CRISPE 模型 -(有個性語調，適合寫文章 / 新聞 / 故事)

Capacity and Role（職位與角色）：你希望 ChatGPT 扮演怎樣的角色。

Insight（洞察）：背景訊息和上下文內容。

Statement（聲明）：你希望 ChatGPT 做什麼。

Personality（性格）：你希望 ChatGPT 以什麼風格或方式回答你。

Experiment（實驗）：要求 ChatGPT 為你提供多個答案。

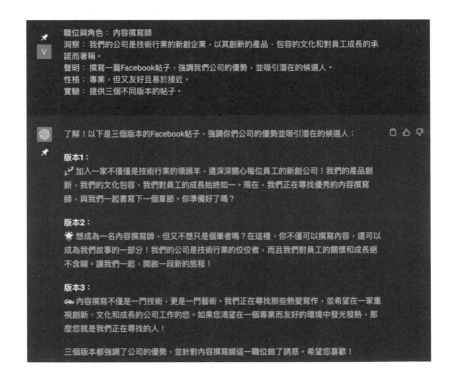

3. ICIO 框架 (適合處理數據邏輯性問題)

Instruction (必須)：指令，即你希望模型執行的具體任務。

Context (必填)：背景訊息或者 是上下內容訊息， 可以引導模型做出更好的反應。

Input Data (選填)：輸入數據，告知模型需要處理的數據。

Output Indicator (選填)：輸出模式，告知要輸出的格式。

4. OEATSA 顧問框架

Objective：清晰的定義你要的目標，或回答特定問題。

Example：給範例或樣本的形式，希望答案照什麼範例呈現，保持和模型有相同的了解。

Audience：受眾是誰，看範例跟樣本的人是誰，什麼樣的輪廓跟背景 (大學生在找工作，10 歲小孩之類的)。

Tone：語氣是否正經，口語化。

Style：風格要像誰講話，這邊提供個專業角色或名人範例。

Avoid：有特別需要注意不要講的關鍵字，或是不用特別講什麼，減少浪費 token 數量。

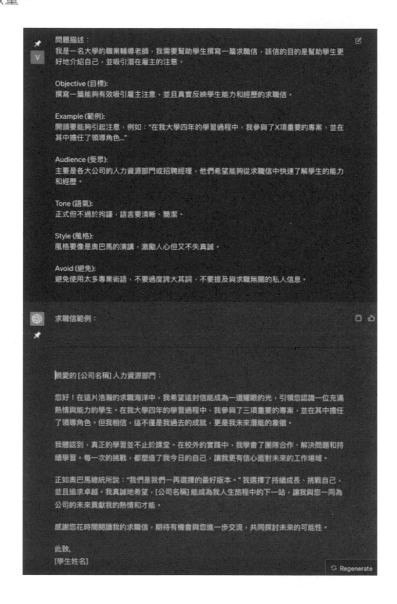

▶ 7.3.2 進階 Prompt 原理

這邊介紹一下一些進階的 Prompt 基礎原理解釋，這些原理會幫助你更理解 AI 語言模型的 Prompt 技巧，而去調整自己追問調教的技巧。

Zero Shot Prompting:

模型在沒有參考任何範例情況下，就可以直接回答問題，相對的靈活跟通用。

不需要針對範例或是特別領域做訓練，只要通過原本預訓練模型裡面的範例或指示，來幫助回答問題。

```
Q:寫一個浪漫小說標題
A:
```

One Shot Prompting:

模型在只有一個範例問答情況下，會盡量照著你的範例回答問題。

```
Q:寫一個浪漫小說標題
A:沙士比亞的羅密歐與茱麗葉

Q:寫一個浪漫小說標題
```

Few Shot Prompting:

模型在少數範例情況下，至少三個比較有效果，基本上就越多越好。

```
Q:寫一個浪漫小說標題
A:沙士比亞的羅密歐與茱麗葉

Q:寫一個浪漫小說標題
A:沙士比亞的羅密歐與茱麗葉

Q:寫一個浪漫小說標題
A:沙士比亞的羅密歐與茱麗葉

Q:寫一個浪漫小說標題
```

當模型看到好的範例時，它可以更好的理解人的意圖和判斷何種答案是所需的。因此，FewShot 通常比 ZeroShot 有更好的表現，但會額外花費更多的 tokens 跟成本。

Fine tune(微調模型) 則是大量範本訓練模型的結果。

Chain of Thought:

叫大模型一步一步推斷過程，不要跳躍思考。 A → B → C → D 的方式是有邏輯性的慢慢推理下去，如果沒特別指令模型很有可能會直接從 A → D 亂跳，讓答案變的答非所問。 在每個 Prompt 後面加上 "think step by step" 就好。

跟模型對話想像成是跟人對話，通常開口最難，如果刻意要想好框架內容才開口，很容易就停在思考用什麼框架，而沒有去真正的執行，通常我都會嘗試著先開口，ChatGPT 自然而然就會跟你對話下去，思考跟創意就會開始了！

▶ 7.3.3 Prompt 基本技巧

中英文互相問反覆問，最後會有默契的

基本原則

- 用最新的模型，用大學生的腦，不是用小孩的腦。
- GPT 可以想像成聰明的金魚腦，但具有限制的記憶能力。
- GPT 本身沒有超出上下文內容記憶功能提醒，要注意有沒有超過限制。
- 當潤稿、切換角色時，最好切換到新視窗比較不會讓上下文內容混亂。
- GPT 的強項在於將我們日常的非結構化對話轉化為結構化內容。像整理文字訊息。

提問技巧

- Prompt 裡面架構清楚，訊息完整，不斷問答。
- 一直重複的不斷問，一百種方法問他，記住他有無限的耐心。

- 一開始『範例』，結尾給『引導』。
- 問題跟答案格式要清楚，不要模凌兩可。
- 多用符號 :"""，###，分開段落，拆開問題。
- 定期的跟 GPT 在關鍵字和語意上的理解是否同步。
- 如果覺得 ChatGPT 講太多，只想要他講重點。譬如分析一個文章正確性，可以說『不用重複文章內容，只講對與不對』這種方式叫 "Negative Prompt"，常用在 AI 生圖裡面。

與 ChatGPT 互動

- 問題一定要清楚，跟 GPT 對答多次以後可以試著用更精簡的問題。
- 發現回答不對，即刻就停止產生，覺得 GPT 在胡言亂語，關掉視窗，開新視窗跟新對話。
- 在對話結尾補充一句：你可以花多一點時間想，一步一步思考。

優化技巧

- 大任務拆小任務，一步一步完成。
- 盡量用英文問問題。可以先把『中文』翻成英文，答案再把『英文』翻成『中文』。
- 不用嘗試打完美 prompt，用基本的 prompt，不斷試錯，小步快跑。
- 不要害羞，直接大膽問。
- 常常記小抄，跟 GPT 熟悉後你就會發現一些小習慣。

在這邊大任務拆成小任務很重要，不要問 ChatGPT 一個複雜龐大的問題，譬如我要如何變億萬富翁，而是慢慢拆成小任務，譬如我要怎麼在一個月賺 10 萬塊等等，慢慢引導 ChatGPT 變成你想要達到的大任務。

另外 Prompt 結尾放一步一步來思考 Think step by step 是 Chain of Thought(CoT) 的方式，跟大任務拆成小任務觀念很像，只不過是 ChatGPT 會幫你拆而已，這種方式比較適合邏輯上的問題。有另外一種方式是 Take a step back and think，這是面對比較宏觀的問題，你不希望 ChatGPT 一步一步推演過來，而是退一步看全局的方式。

最後就是不斷嘗試，如果你發現 ChatGPT 回答的思路有點不太是你要的方向，就要換個方式問，換個方式的同時最好就開新的聊天視窗會比較準確。

▶ 7.3.4 踏出第一步，保持正確心態

跟模型對話想像成是跟人對話，通常開口最難，如果刻意要想好框架內容才開口，很容易就停在思考用什麼框架，而沒有去真正的執行，通常我都會嘗試著先開口 (用 ROAF框架的 Role 跟 Objective)， ChatGPT 自然而然就會跟你對話下去，思考跟創意就會開始了！

7.4 AI 都是金魚腦？

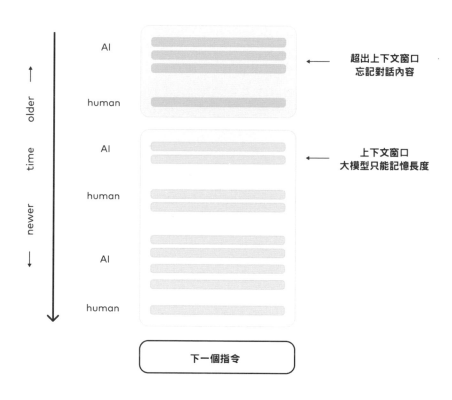

ChatGPT 的記憶容量單位是用 Token 計算的。

Token 是基本的處理單位。Token 可以是單詞、字符、標點符號或空格。這些 Token 用於將文本拆分成更小的部分，以便模型可以更有效地理解和生成語言。

在英文中，一個 Token 通常是一個單詞或標點符號。因此，100 個 Token 大約相當於 75 個英文單詞，因為一些 Token 會被用於標點符號和空格。

在中文中，Token 的概念略有不同，因為中文是一種基於字符的語言。在這種情況下，一個字符通常被視為一個 Token。因此，1500 個中文字可能大致相當於 2000 個 Token，這取決於具體的文本和其結構。

在跟 AI 溝通的時候，Token 的概念非常重要，它代表著目前 AI 記憶的長度大小，超出目前 AI 模型 Token 大小的話 AI 就會忘掉了。

OpenAI 計費方式是使用 API 跟 Playground 對 GPT 進行對話的時候 Token 消耗數量做計費，在 ChatGPT 網站聊天則不用。關於計費標準可以定期去看官方更新。

所以掌握 Prompt 技巧去有效的控制 Token 消耗可以對記憶長度更有控制和減少成本。

GPT 模型面臨的一個核心而明顯的問題是其「金魚腦記憶」，這是由於基於 Transformer 架構的技術限制。GPT 只能記住一定範圍內的輸入信息，這就是所謂的 Token limit。一旦超過這個限制，之前的訊息就會被遺忘，而且無法恢復。

圖中綠色的部分是 GPT 的 Token 長度大小，是固定的。也就是當新對話產生的時候綠色部分會一直往下滾動去保持最新的對話紀錄，而舊的對話紀錄則會被遺忘。大語言模型忘了就忘了，沒有方式可以回憶之前的記錄。

這邊的綠色部分涵蓋了我們輸入的 Prompt 跟 GPT 回應我們的答案。

現在有許多努力在尋求擴展這個記憶範圍，或是通過技巧讓 GPT 能夠「回憶」超出限制的內容，例如在超出範圍之前先對之前的對話進行總結，這樣對話的開頭就會包含之前對話的摘要。

07 │ 我們如何跟 AI 對話

最有效的方法仍然是認識到這一限制並將其常態化。這意味著我們需要調整與之溝通的方式。例如，與 ChatGPT 交流時，經常開啟新的對話窗口，從頭開始，而不是試圖反覆測試它是否記得過去的對話或嘗試讓它回想起來。

當 GPT 的記憶內容變得混亂時，最佳的解決方案就是重新開始。

7.5 Prompt 總結

當與 AI 對話時，把它當作跟人一樣溝通最重要，Prompt 最後的精髓就是可以自然的跟 AI 溝通，腦中也不用特別記什麼框架，可以隨時看 AI 怎麼回答調整你的 Prompt。

我們可以採取更多的策略，以確保與 AI 的互動更加豐富和有效。

首先，我們可以嘗試提出更具挑戰性和深入的問題，以引發 AI 更多的思考和創意。描述問題時，我們應該盡量詳細且清晰，以便 AI 能夠更好地理解我們的意圖。

利用角色扮演模式可以讓 AI 更快速地進入指定的情境。我們可以將 AI 扮演成不同的角色，例如愛因斯坦或是一個三歲的小孩，這樣 AI 就可以根據不同角色的特點來回答我們的問題。

在使用框架模式時，我們可以選擇使用精準範本輸出，這樣可以確保 AI 生成的回答更加準確和符合我們的需求。

我們可以嘗試不同的 prompt 組合，這樣可以獲得更多樣化的回答。在設定 prompt 時，我們需要注意上下文的長度，適時使用分割符號來區分不同的對話段落。

使用英文進行對話可以獲得更好的效果，因為 AI 在處理英文輸入時通常更加準確和流暢。然而，如果你更熟悉其他語言，你也可以嘗試使用其他語言進行對話。

7-36

最後與 AI 進行更有意義的對話，我們需要提出好問題，描述準確詳細的內容，並適時使用角色扮演模式和框架模式。同時，不斷嘗試不同的 prompt 組合，注意上下文長度，並保持耐心和持續的嘗試。

08 | AI原生產品-
下一個AI殺手應用

8.1 什麼是產品：從傳統到 AI 時代的演變？

在商業和營銷的世界裡，「產品」一詞被廣泛應用於多種情境，涵蓋了從實體物品到無形服務的一切。它不只是我們能夠觸摸和感受的物件，如汽車、衣服或食品；也包括無形的服務，比如保險、諮詢或教育服務。更廣泛地説，產品還可能指體驗、活動、人物、地點甚至是想法。這個概念在 AI 時代變得更加複雜而深邃。

隨著 AI 技術的興起，我們的商業環境發生了劇烈變化，但其核心原則保持不變：獲取用戶的注意力並為他們提供價值。儘管我們每天都在經歷技術的迅速發展和變化，但從本質上來說，商業的核心並未改變。過去的工業革命已經證明，即使在技術不斷變革的背景下，商業價值的構造可能發生改變，但產品的核心目的仍然是為用戶提供價值。

在 AI 主導的當今時代，AI 產品，雖然在功能和創新性上獨樹一幟，但仍然要被視作「產品」。這意味著它們需要滿足相同的基本產品指標，如用戶留存時間、回訪、轉換率、網路規模效應和競爭壁壘等。因此，我們不應該僅僅被 AI 產品那些看似閃耀但短暫的功能所迷惑，真正重要的是它們是否能夠持續地為用戶創造價值。

AI 時代與網路時代的根本區別在於數據處理的核心目標。

過去的網路時代著重於處理海量數據和解決訊息不對稱的問題，儘量讓信息流通更順暢。而 AI 時代則將重點放在了知識的處理上。以 ChatGPT 為例，它的核心在於結合預先訓練的知識庫，來解決實際問題，使得 AI 不僅是數據處理的工具，也成為了新型的知識來源。

每個新技術時代，投資者總是對那些提供基礎工具和平台的「賣鏟子」公司格外關注。從目前英偉達和基礎模型的高估值現況中，可以看出這一點。這些公司所提供的工具和平台是推動 AI 時代發展的基礎，成為整個產業鏈中不可或缺的一部分。

然而，雖然很多人關注那些在 AI 浪潮中「賣鏟子」的推動者，也有一些人在尋找真正能夠改變遊戲規則的「金礦」。他們的目標是找到並支持那些願意冒險、打造持久的 AI 產品的創始人。這些創始人和他們的產品將從根本上改變人們的工作和生活方式，創造出真正的價值和影響力。

在 AI 時代，理解產品的本質並識別出那些能夠長期提供價值的創新產品是至關重要的。這些產品不僅代表了技術進步，也體現了商業價值的演進，為用戶創造了全新的工作和生活方式。

8.2 AI 原生產品是什麼？

AI Native 產品的核心設計理念是以 AI 為基礎，並通過各種 Prompt（無論是文字還是其他媒體格式）與用戶進行互動。這種互動模式下，AI 模型能夠發揮其最大的效能。以 ChatGPT 為例，所有的對話交互都是基於文字進行的，如果沒有有效的 Prompt，它就僅僅是一個聊天介面而已。

同樣地，Midjourney 也遵循這樣的模式。只要給它一些基本的 Prompt，它就能生成圖像。這些例子都說明了 "輸入→產品" 這一概念。無論是將輸入轉化為文字、圖像、影片、簡報，還是網站等形式，這都是當前科技界競爭的主要領域。在這樣的環境下，人與電腦的互動將變得更加自然，只需一般的對話，所需的產品便能迅速呈現。在未來，每個人都有潛力成為創作者。

AI 原生產品：如果沒有 AI 模型，他就是破銅爛鐵。就像一台沒有車的引擎。

個性化記憶是 AI 產品最大特性。

如果將 2023 年定義為 AI 時代的開始，那麼我們可以預見，在未來將會出現更多 AI 原生產品。就像真正的應用殺手級應用（Killer App）在 App Store 上出現兩年後才引發了 iPhone 應用的全面普及一樣，AI 時代的類似產品也將迎來快速的發展和普及。相比之下，AI 時代的這種變革將發展得更快，影響也會來得更為迅猛。

Notion AI 跟 ChatGPT 比較：

Notion AI 把 AI 功能拔掉，還是一個完整的筆記軟體

ChatGPT 把 AI 功能去掉，就是一個聊天視窗，完全無法回答你任何問題，只剩外殼。

像當初賈伯斯設計 iPhone 一樣，打破了大家對手機的定義，未來也會有這種 AI 原生產品出現。

8.3 產品個性化服務是怎麼做到的？

在當今 AI 時代，實現產品的個性化服務已成為關鍵挑戰。所謂的個性化內容，即根據用戶的需求和偏好提供量身定製的產品和服務。

GPT 在個性化服務中的應用

作為一種先進的大型語言模型，GPT 能夠在多維度上理解用戶，從而生成個性化的內容。這包括在電商平台上根據用戶購買記錄提供商品推薦，或者在社交媒體上根據用戶社交行為提供個性化內容。

用戶意圖的理解

除了 GPT，深入理解用戶的意圖對於提供個性化服務同樣至關重要。這涉及到把握用戶在使用產品或服務時的真正需求和目的，從而提供真正符合用戶期望的產品和服務。

AI 個性化服務的趨勢

AI 時代的個性化服務不再僅是對用戶的簡單標籤化，而是轉向了更深層次的"用戶意圖"理解。這種方法能夠深入挖掘用戶的真實需求，從而提供更加精準和有效的服務。

在實現個性化服務的過程中，所有介紹的工具都可用於客製化服務的各個方面，包括 AI 創作、數據整合、自動化社群推廣，以及市場和競爭對手資訊追蹤。這些工具的運用能夠不斷分析和優化用戶數據，進而調整工具本身，從而建立起一個高效的數據生態系統。

國外許多 AI Native 的 Chatbot 服務公司已將對話結果轉化為 "意圖"，並由 GPT 處理用戶對話結束後的意圖。這種方法將對話的結果提升至更高維度的用戶理解。

個性化內容的創作方法

- 基於 GPT 的創作：通過 GPT 生成創意豐富的文本內容。
- 基於用戶數據的創作：分析用戶數據以了解其興趣和偏好。
- 基於用戶意圖的創作：深入理解用戶的實際需求，創造真正符合其需求的內容。

AI 時代的產品個性化服務是一種結合先進技術和用戶深度理解的藝術。通過這種方式，我們不僅能夠為每個用戶提供獨特的產品和服務，還能創造出更加貼合用戶需求的體驗，從而提升產品的吸引力和轉化率。

8.4 AI 時代需要有像抖音一樣的殺手級應用產生

各大廠商正在積極推動自家的 AI 發展，這背後的驅動力是為了應對突如其來的未來挑戰做好準備。從電信行業的角度來看，這類似於各家公司競相建設 4G 和 5G 基站以及電線桿，培養基礎技術團隊。正如 4G 技術之所以爆紅，主要得益於串流影音和在手機上流暢觀看影片的應用，這些都需要強大的基礎設施支撐。

目前 AI 行業的發展，包括算力的積累和大型 AI 模型的建立，都是為了為未來的應用打下基礎。無論是初創公司還是像微軟和谷歌這樣的科技巨頭，都在為 AI 時代的真正開始做準備。未來的主導將會是 AI 原生產品，那些從根本上為數億用戶提供 AI 驅動體驗的應用。這些產品將開啟一場科技歷史上的革命,真正將 AI 普及到全球每個人的手機和電腦中。

這樣的 AI 原生產品不僅僅是技術上的進步,它們將徹底改變人們的日常生活方式。想像一下,當 AI 技術成為各行各業的標準配置,從家居自動化到個人化醫療,從教育到娛樂,AI 將無處不在。它將使個人化體驗更加精準和高效,從而大大提高生活質量。

AI 原生產品還將開啟創新的商業模式和市場機會。隨著 AI 技術的普及,新的業務模式將出現,創造全新的市場和就業機會。

現在各家公司和研究機構正投入巨大的資源和精力來發展 AI 技術,不僅是為了當下的競爭,更是為了長遠的戰略布局。AI 原生產品的出現將標誌著一個全新時代的開始。

8.5 在 AI 時代,大家都是產品經理

在當今這個由人工智慧主導的時代,GPT 的出現不僅是技術上的突破,它更象徵著一種新的思維方式。GPT 模仿人腦來理解世界,而我們則需要透過 GPT 的 "思維" 來重新審視世界。這不需要深入研究複雜的數學理論,而是理解 GPT 處理信息的基本原則。對 GPT 來說,所有透過 Transformer 模型處理的資訊都會轉化為向量空間中的運算,以此找出其中的意義。無論是文字、圖片、影片還是聲音,GPT 都採用相同的方式處理這些信息,這讓我們可以用全新的視角來觀察世界上的每一個問題。

將你所見所聞轉化為文字,這不僅是一種記錄方式,更是一種思維的轉變。當我們開始用這種方式思考,生活中的每一個細節都可能激發我們的靈感。這種思維的轉變,結合課程中所教授的工具,將使你的創造力和思維方式保持在時代的前沿。

當我們用 AI 的角度去觀察世界時,我們開始理解複雜的概念和問題的本質。例如,當我們使用 GPT 來分析社會現象、市場趨勢或者個人行為時,我們不

僅僅在收集資料，更是在透過 AI 的眼睛探索背後的模式和聯繫。這種全新的視角可以幫助我們更深入地理解世界，並以更有效的方式解決問題。

GPT 的運用不僅限於訊息處理或答案生成。它開啟了一扇窗，讓我們可以看到不同領域、不同文化、不同思想的交匯。這種跨界的理解和學習是 AI 時代的特殊優勢，它激勵著我們打破傳統思維的界限，拓展我們的知識和創意的邊界。

在這個 AI 浪潮中，每個人都有機會參與並貢獻自己的力量。只要你願意投入時間去學習和探索，就能夠創造出有價值的東西。從日常生活中的靈感到職業發展的突破，AI 為我們提供了無限的可能性。這不僅僅是學習一項新技術，更是學習一種新的思考和創造的方式，一種與時俱進的生活態度。

你必須從客戶體驗開始，然後反推回技術策略。你不能從技術開始，然後試著弄清楚你將在哪裡試圖銷售它 -Steve Jobs WWDC 1997

09 | 如何讓AI製作圖片 /簡報/影片/網站

9.1 每日 AI 工具新發現：指南與策略

當使用 ChatGPT 已經變得得心應手了後 (相信我，很快的)，AI 下一個階段就是如何使用不同的工具，達成自己不一樣需求的工作生活場景。

但要怎麼從幾千種工具找到你要的？這邊有一個網站推薦
(https://theresanaiforthat.com/)

這邊我框起來的是 "Most saved" 也就是比較多人用了覺得不錯的，這種參考價值很高！

接下來就是這麼多工具要怎麼測試他的結果，首先目前 AI 工具分成英文版跟大陸版。英文版則是要測試中文能力，能不能有中文輸出結果，是不是繁體字等等的。然後再來就是收費方式。

大陸版就比較麻煩了，現在大陸政府規定都要實名認證 (大陸手機號)，才能使用他們的服務。

最後就是要好好收集跟分類，建立自己 AI 工具庫，用 Notion 或是 Chrome 書籤紀錄之類的。什麼情況使用哪種工具，初期會有陣痛期，但最後一定會越來越順的。

9.2 AI 簡報製作 -10 秒製作簡報神器 Gamma

這是一款由台灣開發者 Grant Lee 精心打造的革命性 AI 簡報製作工具。如今，Gamma 已在全球範圍內獲得超過一億用戶的青睞，無論在亞洲還是美國，它都是當前最受歡迎的 AI 工具之一。

Gamma 的創始團隊最初在矽谷的一家數據公司工作，日復一日的簡報製作經驗激發了他們尋求創新的渴望。幾年前，他們開始嘗試不同方法讓製作簡報變得更輕鬆簡單。隨著 Generative AI 技術的興起，Gamma 剛好搭上這個列車，在全世界火紅。

在我們忙碌的工作中，不論是製作簡報、網頁展示想法、專案，還是產品，我們經常面臨著時間和設計技能的挑戰。Gamma 恰好滿足了這一需求，它不僅可以自動完成簡報和網頁設計，還能節省大量時間，讓你專注於創意和內容的產出。

Gamma 的 AI 工具不僅局限於設計，它甚至能夠像 ChatGPT 那樣，協助你生成基本內容。

作為一款具有台灣背景的工具，Gamma 早期便開始支援繁體中文，這在許多 AI 工具中真的很少見。

Gamma 的 AI 技術使得從概念到成品只需短短 10 秒，這意味著你早上的一個想法，到中午就可以變成一份準備好的專業簡報，迅速而精準地呈現你的創意。

使用 Gamma 意味著完全控制製作節奏，無需再擔心撰寫文案、排版設計等繁瑣事宜。憑借你的創意，Gamma 的 AI 將為你完成剩下的一切工作。

首先我們來到 Gamma 首頁 (https://gamma.app/)

Gamma 目前是免費簡報製作，新用戶註冊都擁有免費點數可以使用，邀請朋友可以獲得更多點數。如果付費的話可以獲得更多點數。

現在很多 AI 工具都是採用這種收費方式，給一般用戶免費體驗的機會，付費用戶可以獲得更多額度，或是更快、更多功能的體驗之類的。

這邊有個小秘訣，因為有時候體驗額度不夠，還不確定要不要付費的情況，可以多開幾組 Email 重新註冊那個產品就好了。

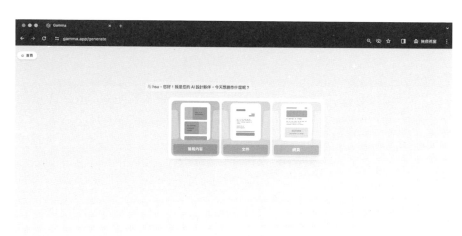

用 Email 成功註冊後會來到這個畫面，這邊可以選擇你想要 Gamma 幫你產生什麼樣的作品，目前 Gamma 主打的還是簡報為主，其他的作品功能沒有簡報那麼齊全，當然還是可以試試看，相信 Gamma 團隊會持續更新功能的。

選簡報後只要輸入簡報『標題』，Gamma 會自動幫你產生內容，這些內容就是每個簡報頁面的標題，自己也可以修改。

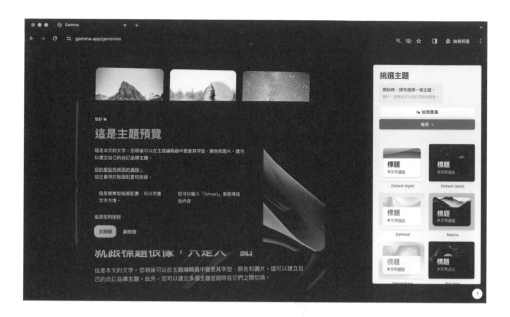

寫完『標題』跟『內容』後就可以來到這邊可以設定 Gamma 簡報的風格，Gamma 團隊很注重整體簡報的完整性，官方幫忙設計好的顏色風格，每一種風格都很棒，包括版型，字體搭配，顏色，在這邊挑完以後進去可以再調整。

選完以後 Gamma 的 AI 就會自動生成簡報了！

注意使用 Gamma 讓 AI 生成內容的時候才會扣點數，每次產生簡報都會扣點數。但產生完以後進去的手動調整簡報都不會扣點數，使用內建 AI 生成內容的時候才會扣點數。

這邊他就會自動一頁一頁的製作下去，他的後面原理是先透過你輸入的標題跟內容產生更多更完整的文案，然後去搭配排版跟原本設定好的配色。

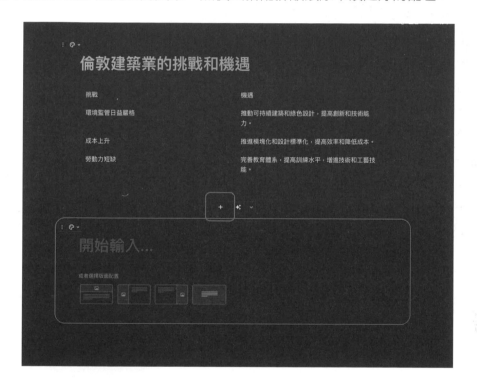

Gamma 的簡報頁面單位是用 "卡片 Card" 為單位，這邊可以手動在不同卡中手動加入卡片，然後選自己要的版面配置。

同時也可以點選右邊的 Gamma AI 幫你產生新的卡片，這時候就會扣點數了，但基本上他就是幫你打你要的文案而已，排版顏色那些跟自己手動加入卡片是一樣的概念，所以建議如果要增加或修改文案之類的，不如就直接去 ChatGPT 打完再複製過來就好，這樣就不會被扣點數了。

Gamma 卡的設計有個特色，可以在卡裡面放另外一張卡。像這樣子：

這樣子原本的卡 (頁面) 可以插入到另外個頁面去，不用像傳統的簡報複製貼上，還可以折疊起來。

卡的設計，右邊的功能欄位都是可以插入進去卡裡面的，功能欄位除了可以
調整卡的版面跟配色以外，還可以放入很多元素像 Youtube 影片，GIF 圖案，
等等。

在 Gamma 的首頁有很多官方製作的靈感，建議可以來這邊看看，因為卡的
排版方式跟平時簡報不太一樣。看了以後相信會激發很多想法的。

9.3 AI 圖片製作 - 多種生圖軟體介紹

AI 生圖工具從 Midjourney、Playground、StabilityAI 等等，跟 ChatGPT 聊天的
Prompt 不太一樣，有很多參數要看，學相機的調整、光線、角度、風格等
等，都是可以調整的，變得比較複雜一點。

如果不知道要怎麼生出專業 AI 圖片有兩種方式可以參考：

1. img2prompt(https://replicate.com/methexis-inc/img2prompt):

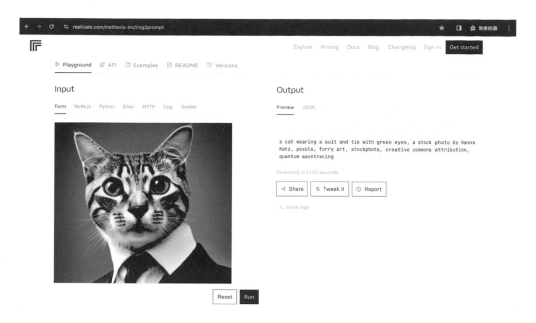

這個方式是你可以上傳任何圖片到這個網站上,然後他就會依照這張圖產生適合的 Prompt 給你,你就可以使用那個 Prompt 貼到任何你習慣的生圖網站。

首先先刪掉原本這個網站的範例圖案。

在這邊上傳自己的圖片。

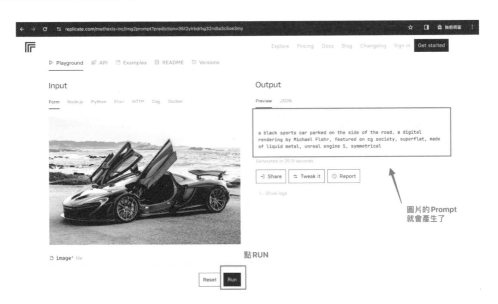

這個方法能夠幫助大家在想要 AI 生圖，但卻不知道 Prompt 要怎麼打的時候，可以去 Google 搜尋一下自己想要的圖的風格，然後在這邊產生 Prompt，就會有大概的圖片 Prompt 架構出來，讓你輕鬆建立你想要的圖片樣子！

2. Image to Image(圖生圖)

圖生圖的功能目前大部分的 AI 生圖網站都有內建了，概念其實差不多，就是你上傳一張圖片，請 AI 生圖生出類似的圖片，但跟第一種方式的差別在於你不一定知道他的 Prompt 是什麼，這樣針對真的想學習那個圖的 Prompt 是怎麼打的就不太方便了。大部分的圖生圖功能都是在網站背景執行的，你最後只會看到類似圖片的結果。

▶ 9.3.1 PlaygroundAI - 專業免費 AI 生圖軟件

這邊介紹一下我最喜歡用的 AI 生圖網站 PlaygroundAI。他免費跟功能強大，是基於 Stable diffusion 的 AI 生圖網站。

Playground AI 特色：

- 免費使用
- 操作介面完整，除了生圖也可以後製圖片處理
- 同時可以生成多組圖
- 多種風格濾鏡可以選擇
- 速度，品質，伺服器穩定

Stable Diffusion 是目前世界最大的開源 AI 生圖模型。

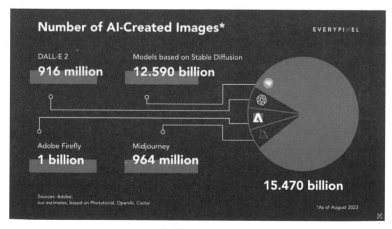

來源 (Adobe)

目前市場上約有 90% 的 AI 生成圖像是由 Stable Diffusion 模型創造的。這包括了 PlaygroundAI、Leonardo 及其他多個網站，它們都將 Stable Diffusion 作為其核心 AI 生成圖像模型。這些平台允許用戶通過調整一些基本參數來自定義圖像。隨後，每個網站都會在 Stable Diffusion 的基礎上進行微調，從而創造出一個符合自身特色的專屬 AI 圖像生成模型。這種方式不僅展示了 Stable Diffusion 的廣泛應用，也反映了各個平台對於創新和個性化的追求。

這是 Stability AI (Stable Diffusion 模型的公司) 的 AI 產品首頁

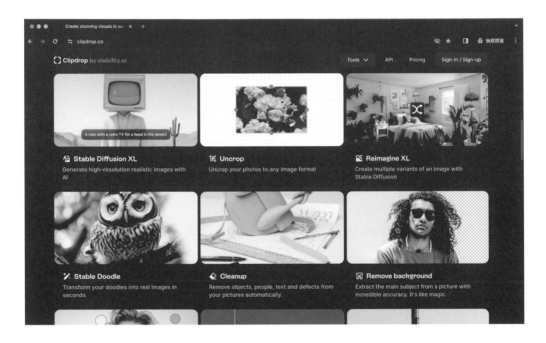

上面有很多關於 AI 圖片的處理，包括 Stable Diffsuion XL 模型、修圖、去背等等，可以有空上去玩，而且他們更新產品的速度非常快。

除了 AI 生圖領域以外，Stability AI 也有跨越到語言、音樂、影片、3D 模型，是目前開源領域的超級大龍頭。

我們來到 PlaygroundAI 首頁 (https://playgroundai.com/)

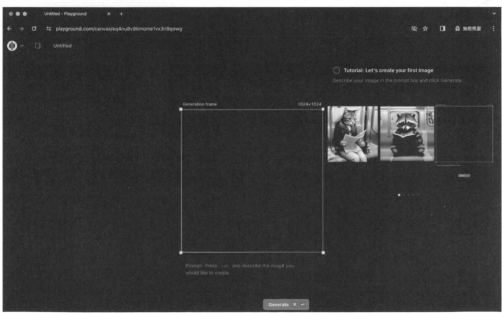

註冊完以後會到一開始的 "frame 框架"，在 PlaygroundAI 每張圖都是一個 Frame 為單位，後面的背景叫 "Canvas 畫布"。

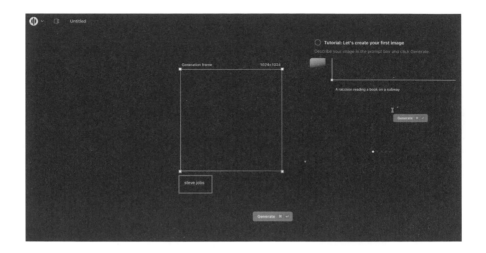

在這邊輸入圖片 Prompt "steve jobs"，他就會生出賈伯斯的照片了，注意目前 PlaygroundAI 只支援英文，建議可以先在 ChatGPT 把你要的 Prompt 用中文打給 ChatGPT 翻譯。

ChatGPT Prompt:

你是 image prompt 世界級大師，專長在 stable diffusion。幫我把這段中文 Prompt 換成英文

"""

[輸入你的中文描述]

"""

在 ChatGPT 拿到英文 Prompt 以後，再回到 PlaygroundAI 輸入。

這樣就可以順暢的用中文打 Prompt 再切換到 PlaygroundAI 生圖了！

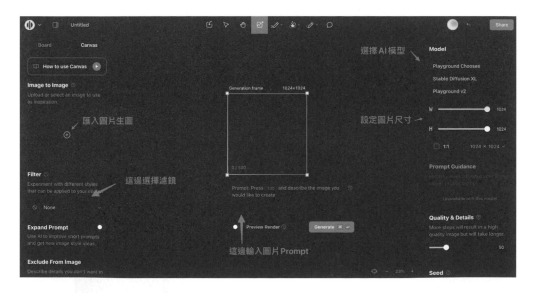

我們來到 Playground 的主畫面，其實主要在意的就是 Prompt 視窗就好，其他設定只是 PlaygroundAI 其他的功能。在這邊 AI 模型我們會看到 "給 Playground 選擇" ，或是 Stable Diffusion(剛剛提到的)，跟 Playground v2(他們微調的專屬模型)。

建議都可以試試看，如果不確定就選 "給 Playground 選擇" ，他會針對你的 Prompt 選擇適合的 AI 生圖模型。

和左邊有圖生圖選項，在這邊只要上傳圖，再打 Prompt 就好。這樣 AI 會用你上傳的圖當作基礎圖，你的 Prompt 是針對那張圖做修改的。

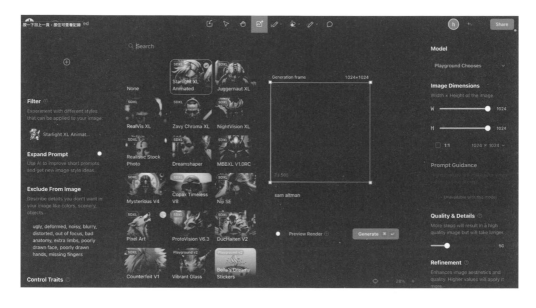

濾鏡的部分 Playground 有很多選項，很多都可以自己試試看，人物跟物品使用的時候濾鏡效果會不一樣。

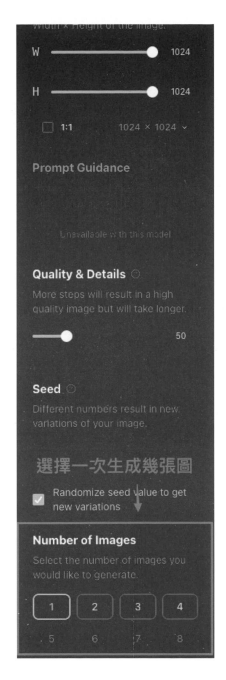

右側功能列表往下拉會發現這邊有 1-8 的數字，這代表一次 Prompt 生成幾張圖，免費版一次可以生成四張圖，要付費才能升級 8 張圖。

這樣就是我輸入一次 "steve jobs"，他一次就產生四張圖。

當你用鼠標點擊圖片，會有一些針對圖片處理的功能：

1. 下載圖片

2. 把圖片去背

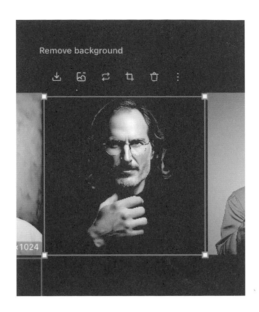

3. 針對這張圖片使用圖生圖

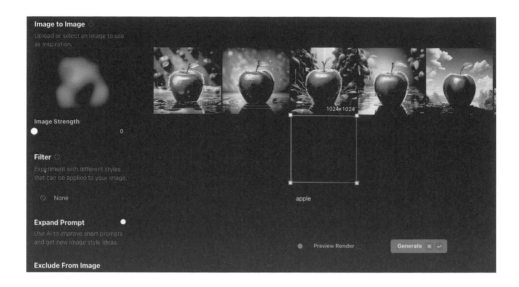

先點擊"mage to image"那個按鈕,再按下"Generate"按鈕後就會像這樣,
產生很多不一樣的類似風格的蘋果。

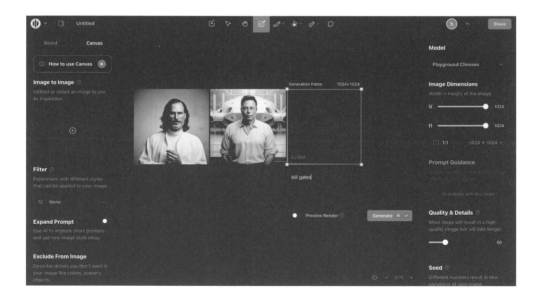

PlaygroundAI 的 Canvas 技巧,用 Prompt 生成完一張圖後,就可以擺在
Canvas 上,然後用不同 Prompt 去生成別張圖,最後再挑選做比對 (像我上
方生成賈伯斯跟馬斯克)。

最後可以點擊會員中心。

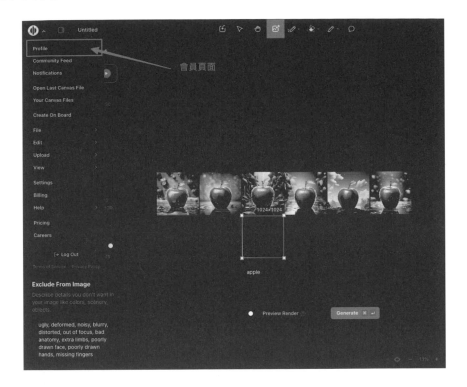

查看自己 AI 生成圖片的紀錄，或是可以點擊發布分享。

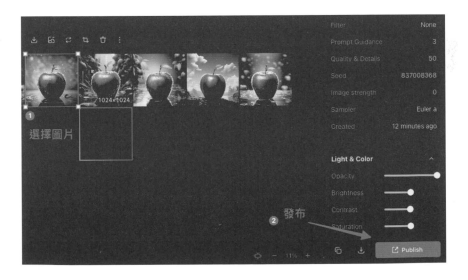

發布成功後就會看到你生成的圖片在 PlaygroundAI 社群圖片牆裡面了，當然如果想要私下的話就直接下載圖片就好了。

PlaygroundAI 除了 AI 生圖以外還有很多圖片處理的功能，是一個很完整又品質穩定的免費 AI 生圖網站。

▶ 9.3.2 Ideogram - AI 生文字圖

目前市面上所有 AI 生圖模型，不管是付費 Midjourney 還是剛剛介紹基於 Stable Diffusion 的模型 PlaygroundAI，都有一個大通病問題就是無法完整的生成文字，常常漏字或是變亂碼直接真的把文字變成圖了。

Ideogram 的 AI 模型從開始打造的第一天就試圖解決這個問題，一開始就獲得矽谷知名創投 a16z 跟 index venture 青睞獲得 1650 萬美元種子輪融資。

Ideogram 特色：

- 免費使用
- 操作介面簡單，Prompt 指令可以跟 ChatGPT 一樣簡單
- 可以生文字圖片，也可以單純生圖片
- 方便 "Remix"，圖生圖的意思

首先我們來到 Ideogram 網站 (https://ideogram.ai/)

在這邊註冊登入以後會進入到主畫面。

在這邊就看的到大家在 Ideogram 的創作，等等會介紹 Remix 功能會很好用。

在邊輸入我們的圖片 Prompt，我在這邊打了" letter of "ai" on the surface of moon"，意思是顯示 AI 這兩個字在月球表面。 下面有些參考風格如果有需要可以先設定好。

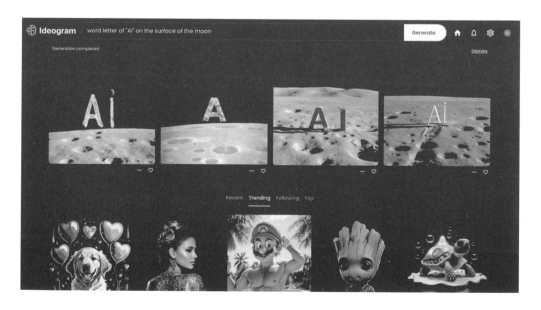

這樣圖片就生成了,然後如果你有喜歡哪一張的話可以點擊圖片 Remix(產生更多相似圖片的意思,有點像是 Playground 的圖生圖)

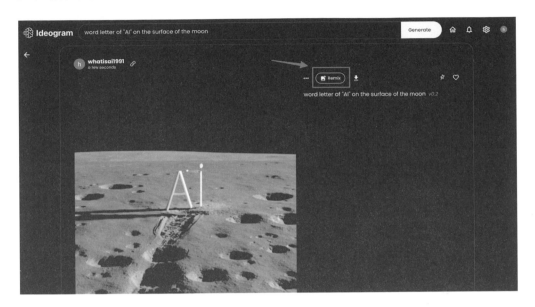

點擊完 Remix 後會回到一開始 Prompt 的畫面,只不過會多了一個圖片已經含在 Prompt 輸入框。下方圖片的 Image weight 代表新生成圖片的相似性,參數越高相似性越大。

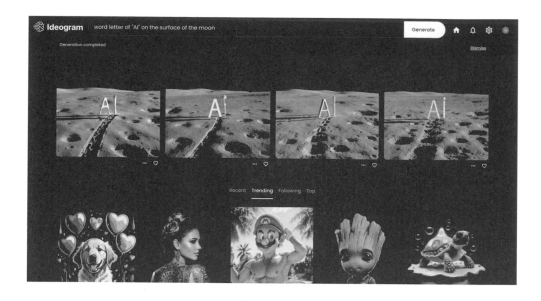

最後結果就會變這樣，可以不斷 Remix，中間再加上你要修改的 Prompt，讓圖片達到你滿意的樣子。

這是另外一組 "OPENAI" 在月球表面的範例：

這是打一模一樣的 Prompt，但在 PlaygroundAI 輸出的結果：

可以看出來明顯的差別，在 PlaygroundAI 基本上完全無法理解跟顯示的清楚
"OPENAI "的字。

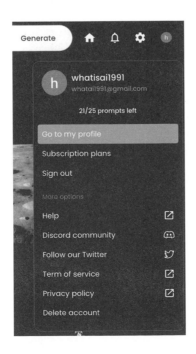

在 Ideogram 右上角可以進去會員頁面

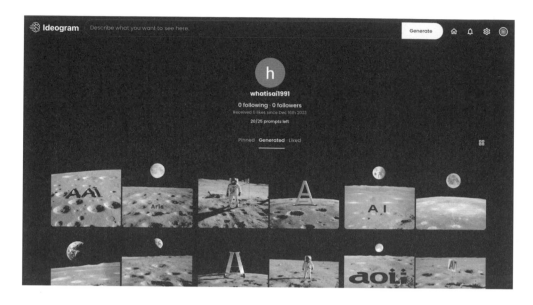

在這邊可以看到全部生成 AI 圖的紀錄。

最後可以去 Ideogram 的首頁

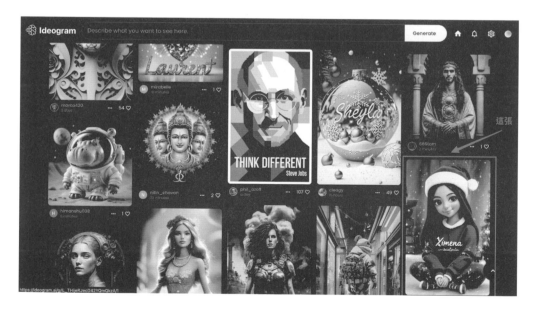

可以參考其他人作品，然後看一下別人的圖片 Prompt 是怎麼打的，跟 Remix
那張圖片。

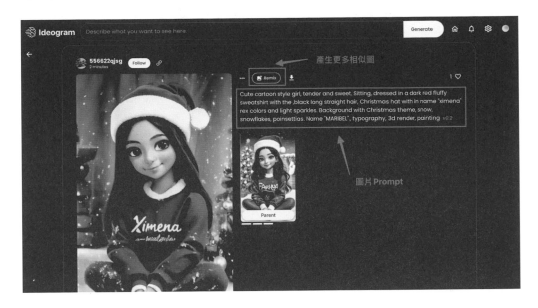

在這邊就看得到當初產生這張圖片的 Prompt 是什麼，跟 Remix 按鈕產生更
多相似，按下 Remix 後就會到原本輸入 Prompt 的畫面：

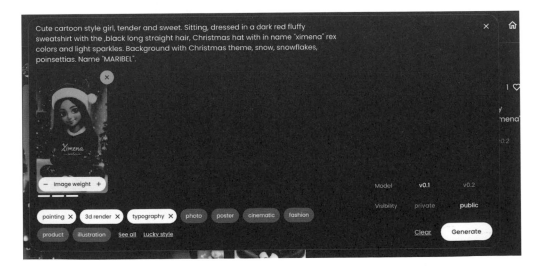

在這邊就跟我們自己 Remix 自己圖一樣，可以調整 Image weight 的相似度。

最後 Remix 完的結果就出來了。

最後 Ideogram 可以用來生成廣告、社群貼文等等，因為有了 AI 生成的控制性，玩法會比其他 AI 生圖軟體更多元。

9.3.3 SDXL Turbo 即時生圖

這個 SDXL(Stable Diffusion XL 模型) Turbo 是 Stable Diffusion 新的 "Real-time" 即時生圖模型，現在所有的 AI 生圖都模型都會有一個 "Generate 生成" 按鈕，要等個 10 幾秒甚至更久，圖片才會生成。

但 SDXL Turbo 是你打什麼字上去，圖片馬上就會變成你要的圖了，邊打字邊生圖的概念，雖然細膩度沒有其他的生圖模型好，但某些情況會很好用，譬如跟小孩說童話故事的時候邊說圖片就跟著變了。

先來到 SDXL Turbo 的網址 (https://clipdrop.co/stable-diffusion-turbo)

接下來幾張圖都是我直接打 prompt，圖片就馬上生成了

1. Prompt "a house" - 一個房子

2. Prompt: "a house on the moon" - 一個在月球上的房子

3. Prompt: "a house on the moon with a lot of tree" - 一個在月球上的房子旁邊有很多樹

a house on the moon with a lot of tree

我打的順序是 1->2->3。最後圖片就完成了，基本上 SDXL Turbo 看我 Prompt 句子打到哪裡圖片生成到哪裡，是即時更新的，沒有 "生成按鈕"。

9.3.4 AI 生圖小技巧

剛剛我主要介紹兩個免費的 AI 生圖軟體，兩個各有的特色。但市面上其他間 Leonardo 或是 Adobe 的 Firefly 跟要付費的 Midjourney 等等太多了。

我個人採取的作法是全開：

這邊我在 Chrome 視窗裡面一次把全部 AI 生圖網站全開，然後同一組 Prompt 我會從 1 號開始貼上讓他生成，因為生成圖片都需要時間，我就 1 貼到 5 號去。當我把 5 號貼完後 1 號的圖差不多也就會產生出來了，就不用在那邊乾等。

因為基本上大家都是採用 Stable Diffusion 模型，每個 AI 生成效果其實都差不了多少，然後 Generative AI 概念本來就是用 "猜" 的，基本上就是越多選擇越好。除非是真的想把 AI 生圖學好，要不然花時間去優化圖片的 Prompt 學習曲線滿高的，不如就一次多開，或是看別人 Prompt 跟 Remix。

9.4 AI 影片製作 -Runway 讓「文字或圖」變短片的神奇工具

Runway 是 AI 影片製作的霸主，獲選了年代雜誌 2023 百大影響力公司，投資者有 Google、Nvidia 等等。

從 2018 創立以來一直致力於開發各類基於 AI 的影片編輯應用。在其網絡版影片編輯器中，Runway 提供了一系列功能豐富的工具，包括幀插值、背景移除、模糊效果、圖像清理或移除、音頻刪除以及運動跟踪等。

這些創新的 AI 工具極大地提高了電影和電視製作工作室在編輯和製作過程中的效率，大幅縮短了影片製作所需的時間。

Runway 可以讓我們很自然的輸入一段描述，然後生成影片，或是匯入一張圖片，產生相似的影片 (有點像是圖生圖，但這邊是圖生影片的概念)

1 秒鐘 =5 點

首先我們到 Runway 官網 :(https://runwayml.com/)

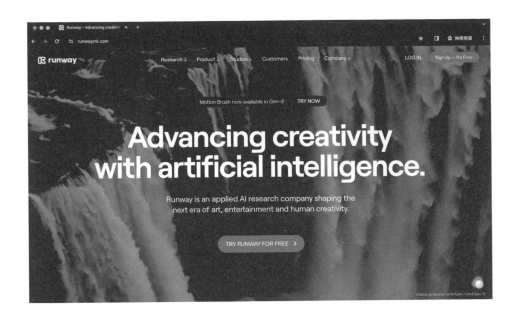

註冊登入以後會到主畫面

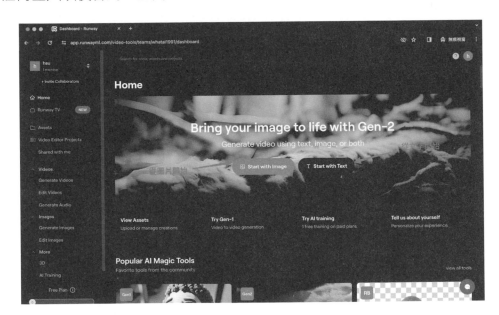

在這邊可以選擇圖片開始或是文字開始，選擇哪一個都沒關係，進去生成影片的畫面都會是一樣的。

這邊我選從文字開始

在這邊可以輸入 Prompt，描述的越詳細越好，影片需要有什麼人物，出現什麼東西，在哪裏，天氣，動作等等。

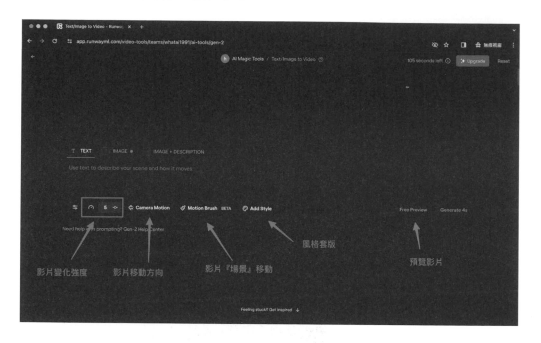

這邊介紹一下 Runway 整體功能：

1. 影片變化強度 -> 調整影片裡面的動作強度，參數越高代表動作越強烈。

2. 影片移動的方向 -> 鏡頭運鏡的角度，可以縮近縮遠、左邊拍攝、右邊拍攝等等。

3. Motion Brush-> 可以選擇圖片特定的場景，讓他往特定的方向移動，只有被選擇的場景才會動。

4. Runway 有現成的一些影片風格可以選，就不用打那樣風格的 Prompt 出來。

5. 預覽影片只有文字生影片才有，可以先預覽看看預覽的影片場景風格是不是你要的，不是的話可以修正 Prompt，這樣就不會浪費掉點數了。

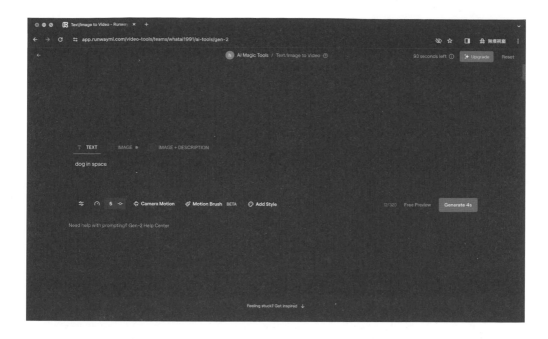

這邊我就簡單輸入一個 Prompt "Dog in Space" 狗在太空

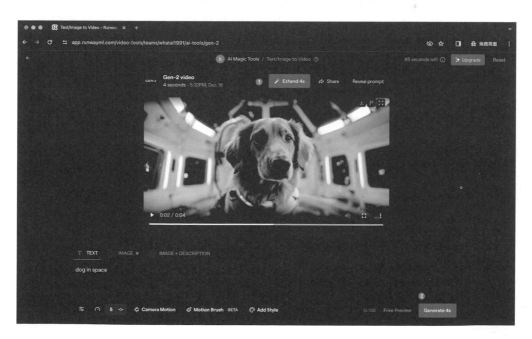

這樣一個狗在太空的圖就出來了，Runway 每次影片只能產生 4 秒，如果要

延長的話要照圖上方操作，先按影片上方的 "Extend 4s"

按了下方按鈕就會原本的影片延長四秒，如果沒按的話就是重新用對話框的 Prompt 生成一部新的影片了。

這樣影片就延長到 8 秒了，目前最多可以持續到 16 秒。

這邊可以調整狗在影片的移動劇烈程度，下方參數都是設定完後新生成的影片才會被套用到，原本已經生成的影片不會被動到。

這邊介紹一下 Camera motion 鏡頭運鏡方式

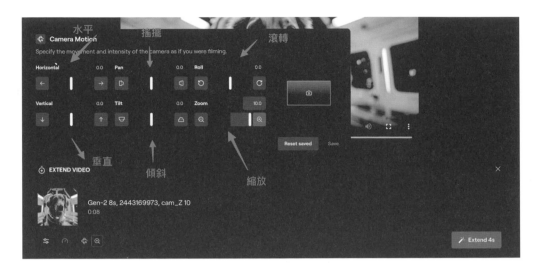

我這邊有把 zoom 值調滿，所以狗就靠近鏡頭了

其他的參數建議大家都可以試試看！ Runway 的願景不只單純生影片，他本身也是想要讓使用者當導演的感覺去運鏡拍攝生成的影片。

在這邊也可以選擇 Runway 設置好的風格模板

接下來介紹用圖生影片

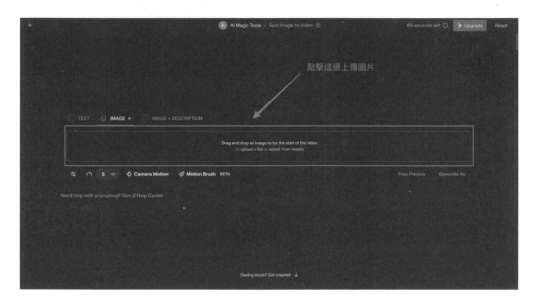

這邊可以上傳自己的圖片。

上傳後按 "Generate 4s" ，就會跟文字生影片一樣了，不過圖片就會任意的移動變影片，這時候就可以用 Motion Brush 這個功能。

點擊 Motion Brush，這是 Runway 可以標註圖片物品讓它往你想要的方向移
動的工具。

點擊 Motion Brush 後會到這個畫面：

首先要用筆刷選擇你想要移動的物品

滑鼠左鍵在物品按住就會有紫色代表那個區塊被刷到了 (圖中我把雲刷滿了)。

下方可以控制被刷到 (紫色區域) 的區域動作。

1. 水平：讓物品往左移動，或是往右移動 (看箭頭方向就好)
2. 上下：讓物品往上移動，或是往下移動 (看箭頭方向就好)
3. 遠近：讓物品靠近鏡頭，或是離鏡頭越遠 (往左滑是越遠，往右滑是靠近)

我這邊設定是『往左滑』，跟『往上』移動。

生成完我們可以看到雲的確往左，往上了。

這邊有個對比照，左邊是原本照片，右邊是 Motion Brush 後的雲的影片位置。

最後除了 Motion Brush 移動物品以外，Runway 還有『圖片 + 文字』的方式可以生成影片。

點擊 "IMAGE+DESCRIPTION" ，就可以上傳圖跟描述你希望影片變怎麼樣，在這邊我打的 Prompt 是 "make the sky black" 讓天空變黑。

這樣子生成出來的影片看得出來天就變黑色的了，而且影片看起來非常自然。

然後我們回到 Runway 首頁：

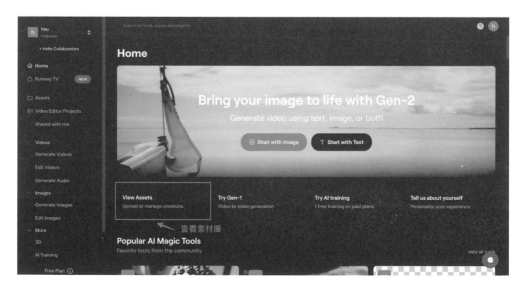

點擊 "View Assets" 就可以查看管理我們上傳過的圖片跟生成過的影片紀錄。

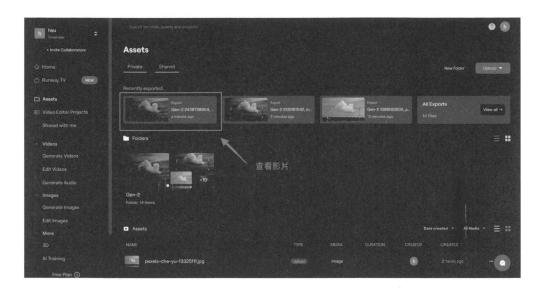

點擊影片後會到影片詳情頁面

按分享後就可以把你的作品分享給別人了！

最後 Runway 收費方式是點數計費，每分鐘 =5 點，目前新會員有 125 點可以用。

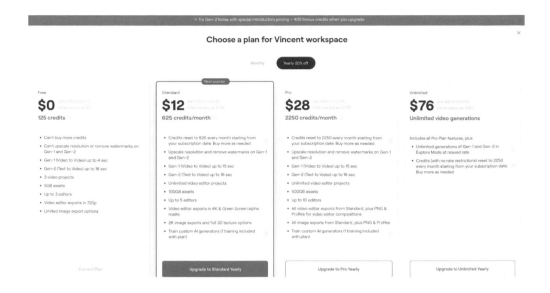

9.5 AI 網站製作 -Framer-30 秒生成專業網站

Framer 是一個可讓用戶在幾秒鐘內生成網站的超強生成工具，基本上就是網站版的 GAMMA。

Framer 不僅提供 AI 驅動的網站生成功能，還整合了許多基本網站功能，如內容管理系統 (CMS) 和域名託管等。

更方便的是，使用 Framer 不需要任何編程知識。它提供了一個直觀的圖形化界面，使用者可以通過簡單的拖放操作來添加網站頁面和管理網站內容。完成設計後，還可以輕鬆地將網站轉移到自己的域名下。

Framer 採用了 No Code 的設計理念，允許用戶透過視覺化的界面進行網頁設計，這包括拖放元素以構建頁面。其強大之處在於，雖然操作簡單，但整個網站的架構仍然遵循前端開發的標準。這意味著對於那些希望進行更深入開發和調整以優化用戶體驗的設計師而言，Framer 提供了充分的靈活性和潛力。

最後用 Framer 生成的網站速度 "非常" 快，在 SEO 的部分會表現得非常好，另外有超級專業的現成版型 (有些免費有些要一次性買斷大概 30-50 美金)，跟超級佛心的月租費用，真的是 AI 時代的超級適合給個人展現作品的產品。

首先我們先到 Framer 首頁 (https://www.framer.com/)

註冊登入後會到主畫面。

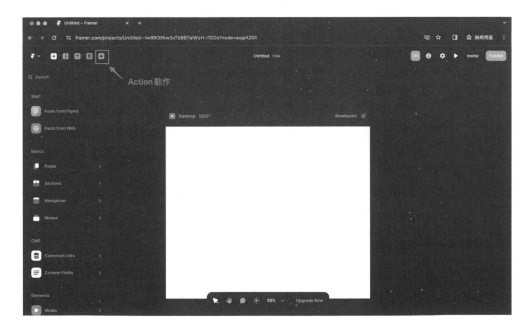

在這邊點選 "Action" 動作按鈕。

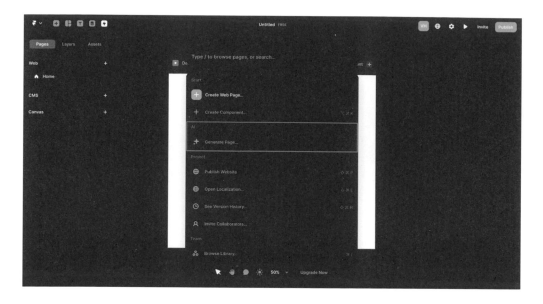

這邊有 AI Generating Page，代表 AI 生成網站。

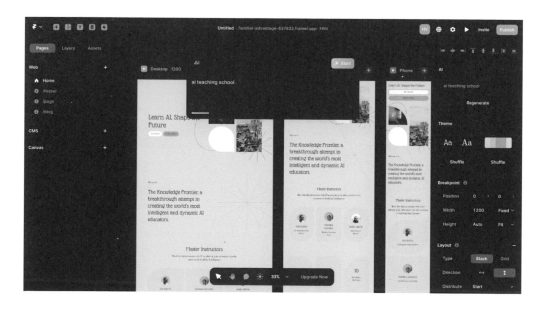

在描述框輸入網站的介紹跟內容，Framer 目前只持支持英文，所以跟之前作法一樣，在 ChatGPT 裡面輸入你要的網站內容，而且有字數限制。

ChatGPT Prompt：

你是世界級網站 PM，熟悉 Framer，我想製作一個網站

"""

標題 :AI 線上課程網站
內容 1: 線上學習 ai
內容 2:Vincent 是老師
內容 3: 學玩可以學到怎麼使用 ChatGPT

"""

幫我翻譯成英文，簡短明確

大概這樣架構就好了。

我剛剛打的 Prompt：「AI teaching school」AI 學校，Framer 生成後 10 秒後頁面就生成了：

真的跟 Gamma 一樣的速度就這樣產生了桌機版，平板、手機版，所有尺寸響應式的完整網站。這些頁面不是設計稿而已，而是可以直接發布到網路上給大家看的網站。

在右上角點擊發布

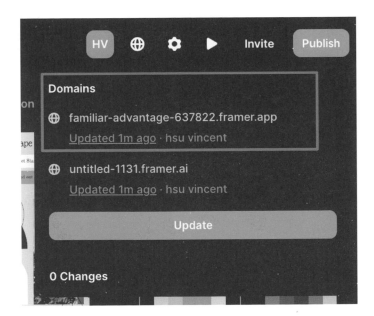

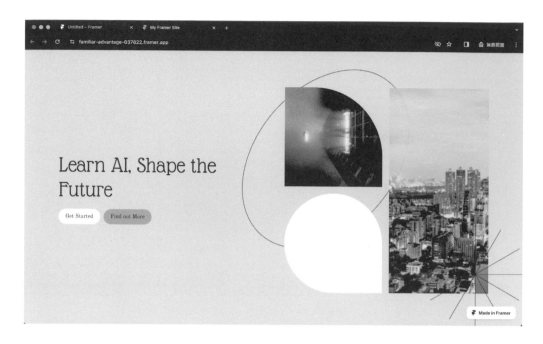

這樣網站就成功上線了！ 如果要更換域名也可以在域名設定中心更改：

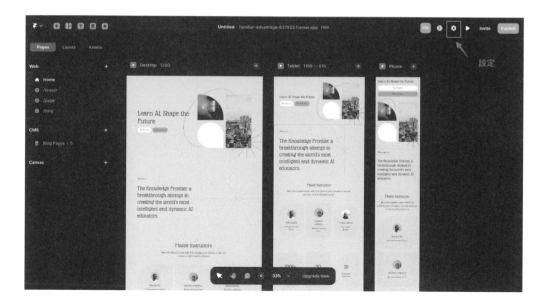

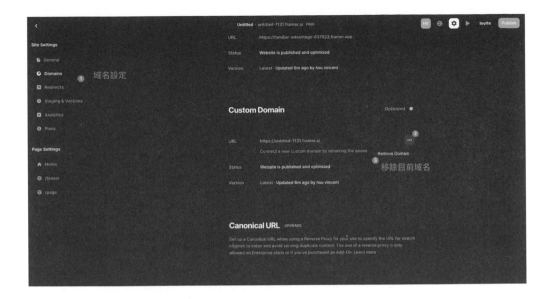

從設定進去後，先選域名設定然後移除域名 (第一次發布的時候 Framer 都會隨機先發一個域名給你成功發布)。

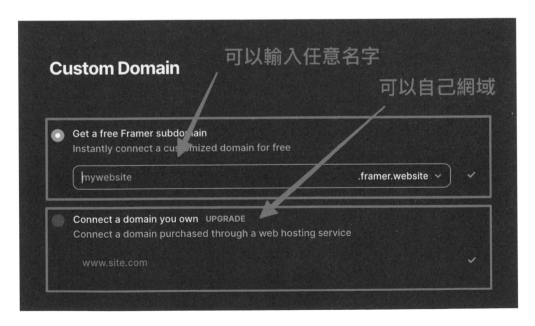

移除後會有兩個選項：

1. Framer 可以讓你輸入任意名字當作網址，但後面會有 .framer.website
2. 有自己的域名欄位可以輸入 (需要付費成為月費會員)

現在介紹一下 Framer 的基本功能：

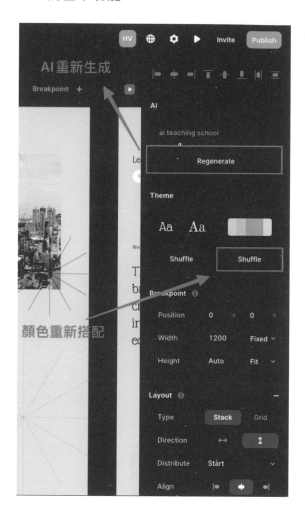

這邊跟 GAMMA 一樣，可以讓 AI 重新生成整個網站，不管是排版、風格，還是顏色。

在 Framer 重新生成是不用付費，但每次生成大概要等個 2-3 分鐘才能再次生成。

這樣 AI 重新生成就像完全不一樣的網站了。

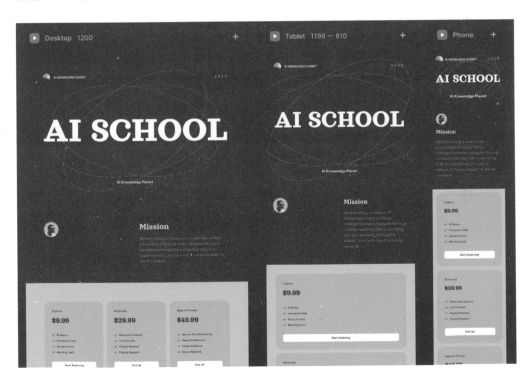

按 "Shuffle" 重新配色後風格也不一樣了。

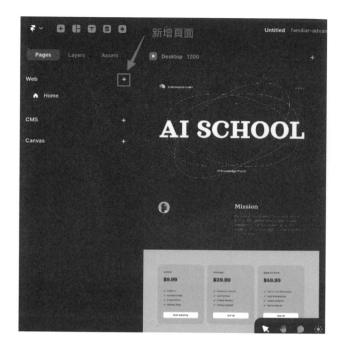

左邊功能欄可以增加頁面 (新的網址)

增加以後就有一個空白的網頁 (/page)，這時候也一樣可以用 action 讓 AI 生成網頁或是自己手動排版。

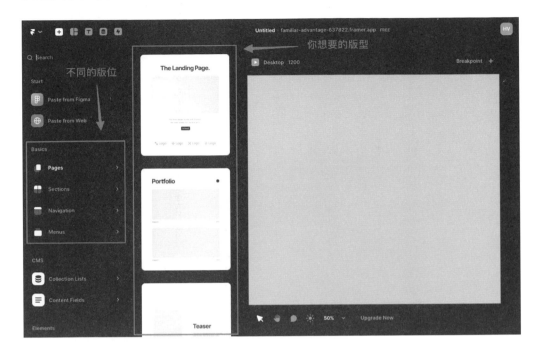

點擊左邊的區域可以選擇你要的版位，上方 Navbar，下方 Footer，或是中間內容區塊等等，Framer 都已經有現成響應式的版位設計好了。

右邊那塊就可以選擇那個版位，你想要的排版方式。

最後選擇完他就馬上變成一個很完整的網站版型了，剩下就是調整文案跟修改顏色內容，然後一樣就可以發布了。

Framer 的收費方式：

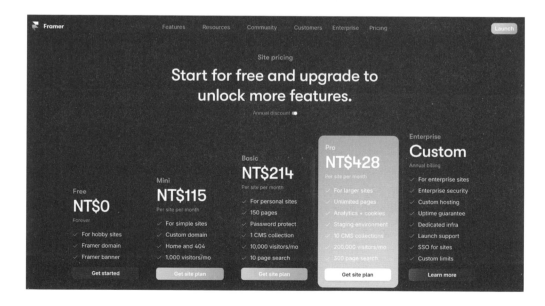

免費模式：無法擁有自己域名，但可以擁有 Framer 給你的隨機域名 (前面提到可以隨便取名的地方)。

Mini 模式：可以擁有指定域名，每個月 1000 個獨立訪客。

基本模式：可以擁有指定域名，每個月 10,000 獨立訪客，跟 1 個內容管理系統 (部落格文章管理系統)。

Pro 模式：可以擁有指定域名，每個月 200,000 獨立訪客，跟 10 個內容管理系統 (部落格文章管理系統)，數據分析跟追蹤功能。

基本上如果是一般只是要自己網站當作品 showcase 的話 Mini 模式就可以了，只需要自己域名就好了。

最後強烈建議可以去 Framer 官方樣版的地方看一下 (https://www.framer.com/templates/) 裡面真的超多世界級專業網站設計師做出來的套版，可以先試試看一些 Free 的套版，很容易上手。

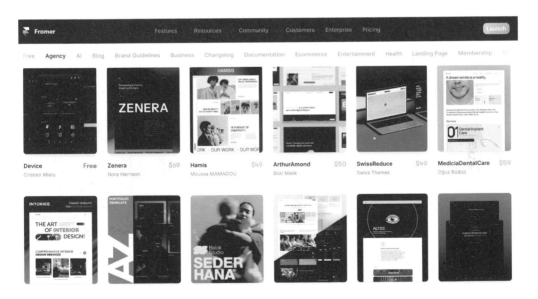

9.6 AI 音樂製作 - 創造屬於你的音樂

這邊要介紹兩款免費 AI 音樂製作工具，一樣是用文字描述你想要的音樂，然後 AI 就會幫你創作了！ 甚至 Splash Music 還可以配人聲幫你唱！

這對短視頻創作是天大的福音，因為很多時候他們都需要買音樂的版權，但現在 AI 可以幫一般人也可以製作很流行動聽的音樂了！

▶ 9.6.1 Stable Audio-AI 作曲

Stable Audio 本身是 Stability AI 公司旗下的 AI 生成音樂產品，使用起來非常簡單。

首先進入到 Stable Audio 官網 (https://stableaudio.com/)

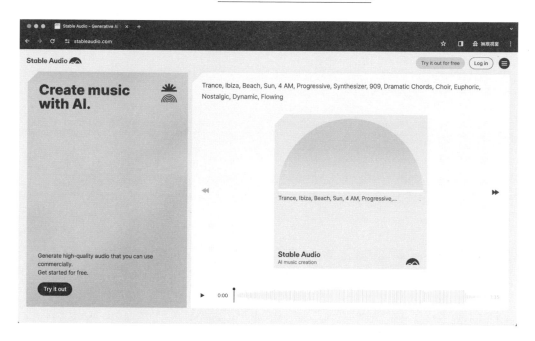

在這邊註冊登入以後會到下面的畫面。

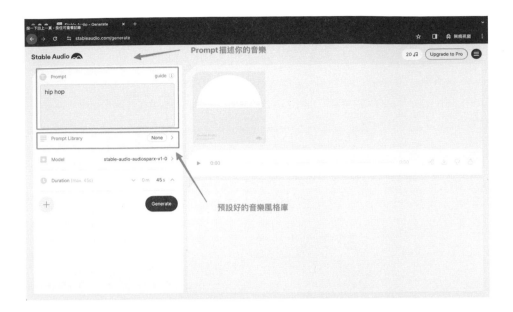

在這邊一樣是用英文描述你要的音樂風格,可以情境化的描述,譬如海的聲音,或是婚禮會播放的歌曲等等。

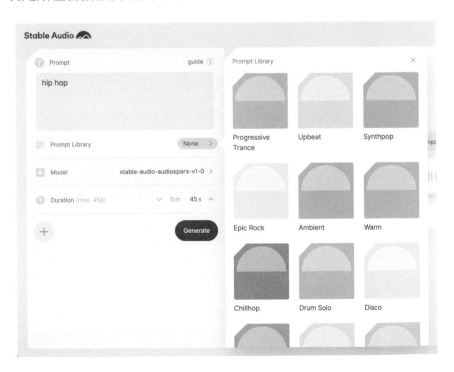

這邊 Stable Audio 也有預設好的音樂風格，可以聽聽看然後再打進去 Prompt 裡面。

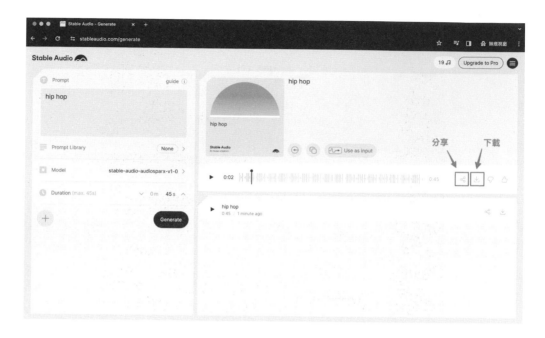

最後生成完以後就可以下載聽囉！ 注意 Stable Audio 最多只能生成 45 秒的音樂而已。

9.6.2 Splash Music-AI 英文作詞作曲

這款免費 AI 生成音樂軟件操作方式跟 Stable Audio 差不多，但功能更齊全，如果是付費會員可以變成完整的歌 (3 分鐘)，然後可以自己或 AI 幫你上歌詞 (英文) 跟歌曲結合。

首先到 Splash Music 官網 (https://www.splashmusic.com/)

登入以後會到這個畫面

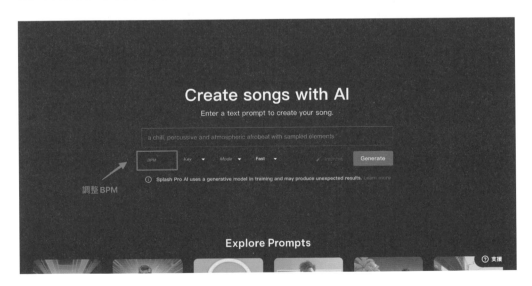

跟 Stable Audio 一樣描述你要的音樂風格，下方還可以調整 BPM(Beats Per Minute)，值越大代表音樂節奏越快，然後也有音的 key 參數可以設定。

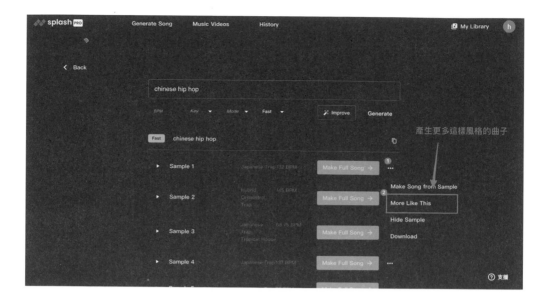

生成完後會看到 Splash 產生的歌曲列表，每一首都可以聽聽看，如果有喜歡的點選 "More Like this" 產生更多相似的音樂。

當你挑到喜歡的可以點選 "Make Full Song" 按鈕：

到歌曲頁面以後歌曲還會是 7 秒，如果想聽完整版，可以選擇時間，然後按
"Generate" 按鈕，讓 Splash 產生完整版。

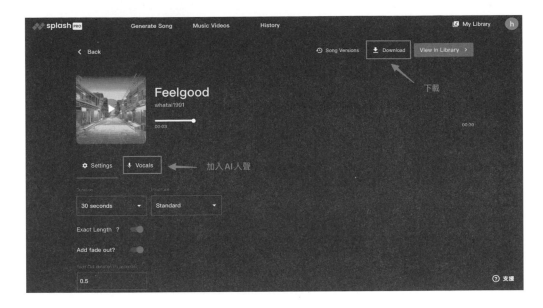

Splash 產生完整版歌曲以後就可以下載了，但這還沒結束！

可以點 "Vocals" 加入 AI 人聲在音樂上面！

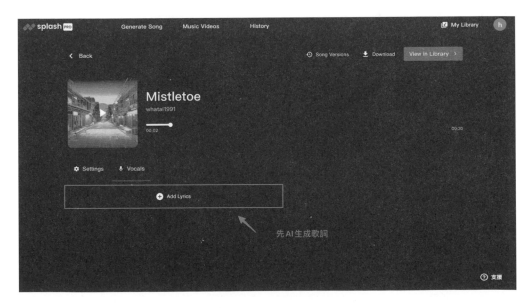

點完生成歌詞會到調整歌詞畫面。

Splash 可以讓你自行輸入歌詞，或是他們的 AI 會自動搭配音樂生成歌詞 (目前都只有英文版本)，然後也可以讓你更改人聲 (需付費)。

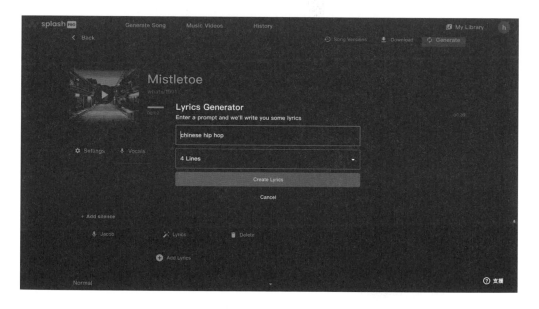

AI 生成歌詞的話，他會問你的歌詞風格，跟幾行歌詞 (可以直接選整首)，
按下 Create 就好了。

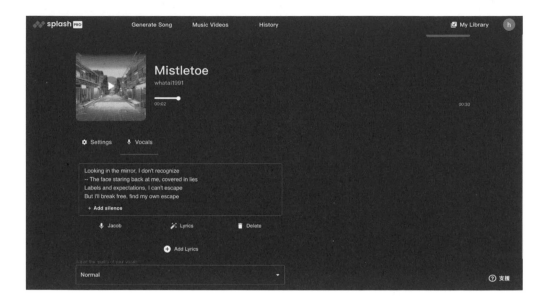

這樣就完成了！ Splash 先幫你產生歌曲，再幫你搭配歌詞，最後面給妳選人
聲！

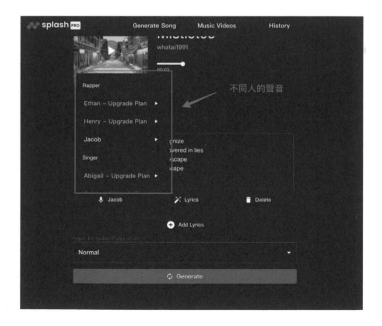

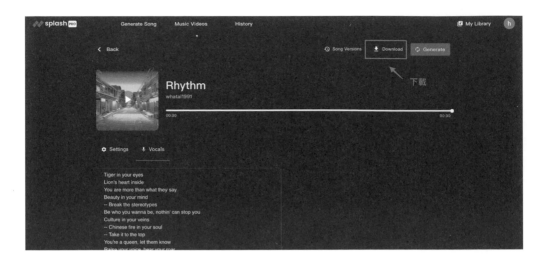

大部分的聲音都是需要付費的，選預設的聲音，按下生成以後就可以下載了！

Splash 就完全用 AI 幫你作詞作曲出你的歌了！

▶ 9.6.3 Suno AI 製作中文歌曲

Suno AI 跟 Splash Music 很像，但他不僅限於英文歌，其他語言包括中文都可以製作，Suno 已經強到 Mircrosoft Copliot 宣布要融入進去了，在 Copilot 裡面就可以免費創作自己歌曲。

首先我們到 Suno AI 官網 (https://www.suno.ai/)

點擊開始做歌

然後先註冊成 Suno 會員

註冊

接著輸入我們想要的歌詞內容跟曲風就創作出來了。

接下來我們可以改歌詞。

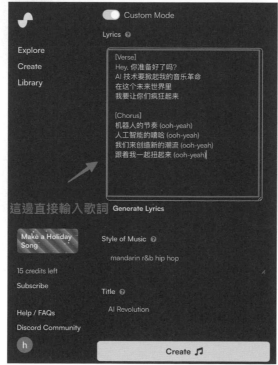

這樣 Suno 就會照著你的歌詞產生適合的曲風，然後有人聲唱歌詞 (完全就是真人在唱)。

9.7 AI 終極製作心法

要善用 AI 跟傳統工具結合，有些功能 AI 工具目前有可能還不夠好，但不代表這個場景問題就無法解決，要把一個大場景問題拆成很多小任務，譬如數字人的聲音是聲音，對嘴是對嘴，最後有可能還要上字幕之類的。如果一個 AI 工具像 Heygen 他的 AI 上字幕功能沒有很完善，不代表這件事情就做不到，可以用傳統的剪接工具像剪映就可以做。

把所有小任務串起來就可以完成一個大任務了，不會有一個萬能的 AI 可以解決所有事情，試著把大任務拆成獨立的小問題，最後再找適合解決的工具完成。

10 | AI怎麼跟外部世界溝通？

10.1 ChatGPT 是 AI 的大腦，需要眼睛，嘴巴才能跟世界溝通

GPT4 現在擁有 Vision(眼睛)、Whisper(耳朵) 和 TTS(嘴巴)，已經能夠成功地識別物理世界。例如，它可以觀看足球比賽並實時轉播，或者觀看遊戲並擔任評論員。所有這些信息都通過結合各種模型，最後由 GPT 進行信息處理並輸出給我們。

世界上的訊息量這麼大，從各種渠道傳遞給我們，或者我們主動去搜集，單純依賴 GPT 是不足夠的。我們需要更高效的方式來處理這些信息。

AI 與成熟的第三方軟體的結合將成為未來工作生活的新常態。

現在，人們通常會規劃並給出指令，然後由 AI 與第三方軟件相互協作來完成任務。AI 可以處理各種信息，而第三方軟體可以從不同來源搜集信息。

例如，爬蟲可以爬取我們想要的網站，關注我們想要關注的競爭對手，查詢公司相關資料等。這些信息被 GPT 整理後，再通過我們熟悉的通訊軟體或 Email 將結果發送給我們。這樣，我們才能真正實現 AI 自動化生活。

使用第三方軟件的好處在於其穩定性和經濟性。如果第三方現成軟件能夠解決問題，就不需要使用 AI。畢竟，每次生成一個答案都會產生成本。對於高頻的個人用途或商業用途，不會符合成本效益。另外，AI 還存在生成速度的問題。可以想像一下，如果我們可以用計算器計算出答案，就不需要編寫代碼來計算答案。

10.2 AI 要如何吸收世界發生了什麼事？ AI 爬蟲軟體實戰

AI 需要了解世界發生什麼事，首先要做的就是資料搜集，我們可以自行告訴 AI(匯入數據)，但這樣子速度太慢也非常耗時間。這時候就需要爬蟲工具了。

Bardeen AI 是一款 Chrome 自動化爬蟲插件，可以在背景裡爬你需要搜集的資訊，匯入到你指定的地方 (Google Sheet 等)，甚至爬的結果可以先給 ChatGPT 處理過 (總結 / 分析等等)。

Bardeen 是拖拉積木式設計，本身有跟超過百個 APP 串接，很多爬蟲腳本已經寫好，譬如把 Instagram 追蹤人數存入到 Google Sheet，或是 Facebook 粉絲專頁內容抓到 Google Sheet 等等。

優點：

1. 免費 (付費可以使用高級功能譬如 ChatGPT 或是其他比較難爬的網站像 X)
2. AI 描述你想要爬的情況，Bardeen 會自動幫你生成爬蟲結構
3. No Code，只需要拖移就可以使用。
4. 可以在背景運行，市面上很多爬蟲軟體當開始爬的時候視窗都會給爬蟲使用，不能做自己的事

這邊我會實作如何自動『定時』爬你想要的網站 (這邊範例是新聞網站)，儲存到 Google Sheet 裡面，然後當爬成功的時候會寄 Email 通知你。

除了新聞網站，Bardeen 也可以爬 youtube 影片評論、Instagram 評論等等，功能非常強大。

首先我們到 Bardeen AI 官方網站 (https://www.bardeen.ai/)

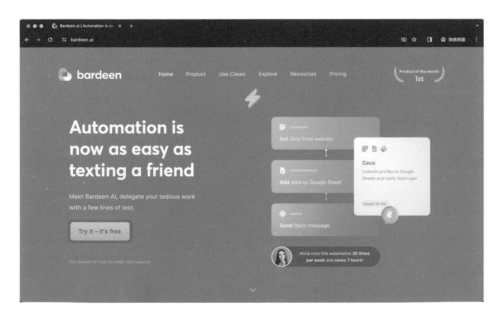

在這邊點選 "Try it" 按鈕會引導你去 Google Chrome Store。

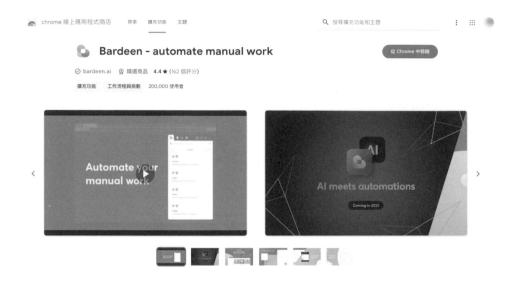

在這邊安裝好插件後就可以開始了！

點擊插件就可以開始註冊：

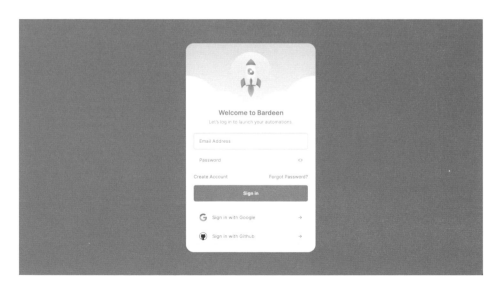

註冊成功後就會進到主畫面 (雖然是插件但他的預設畫面是視窗的幾乎全屏的大小)

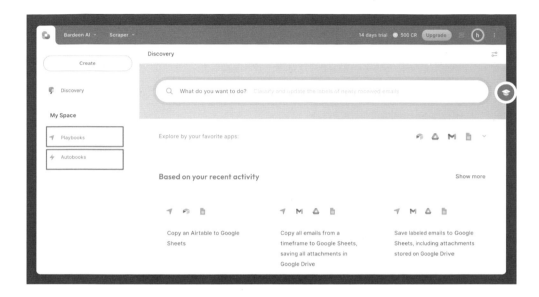

左邊的『Playbook』代表你製造過的單次爬蟲，『Autobooks』代表定時會跑的爬蟲。

使用情況 Playbook(單次爬)，可以在你滑到某個粉絲專頁或是網紅的時候，想直接把他所有聯絡方式抓下來，就可在 Chrome 插件點一下 Bardeen 跟點擊那個 Playbook。

Autobook 就會像是定時每天早上去抓新聞，在存到 Google Sheet 發郵件到自己信箱。

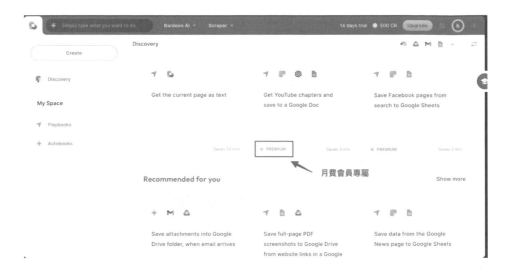

在 Discovery 的地方可以看到很多 Bardeen 已經內建好的爬蟲腳本，每個都會說明會透過哪些 APP 完成。

Bardeen 判斷是不是要會員才能爬的方式，是看爬蟲的過程裡面是否有串接到特別的 APP，譬如 ChatGPT 就是屬於要會員才能爬的 APP。所以整個爬蟲過程有可能有其他 APP，但其中只要有一個是會員的 APP 那個腳本就是要會員才能用。

首先我們來看 Bardeen 用文字描述他就 AI 生成基本的爬蟲架構：

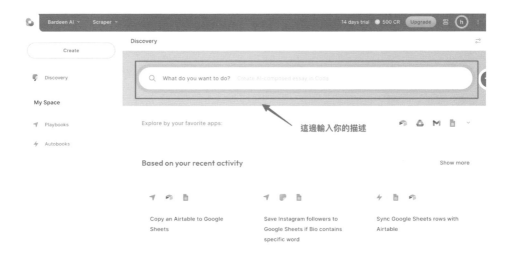

首先點擊左邊的 "Discovery"，就可以看到描述欄位。

這邊我輸入描述以後 (爬下 IG 的 Follers，存到 Google Sheet)，Bardeen 就會跳讓 AI 幫我生成爬蟲的按鈕了，點下 "Generate" 按鈕。

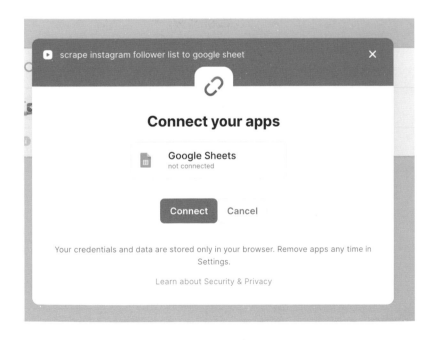

因為是剛註冊的帳號，需要先連結 Google Sheet，這邊按 "Connect" 就好了。

這樣 Bardeen AI 就生成了我們基本的爬蟲，左邊是爬下目前開啟 tab 的 IG 用戶的 Followers，右邊是存入到 Google Sheet。

接下來我們實際操作定時抓取 Yahoo 新聞內容：

1. 先到我們想爬取的網頁 (https://tw.yahoo.com/)，打開 Bardeen 插件。

2. 點擊 Create 按鈕。

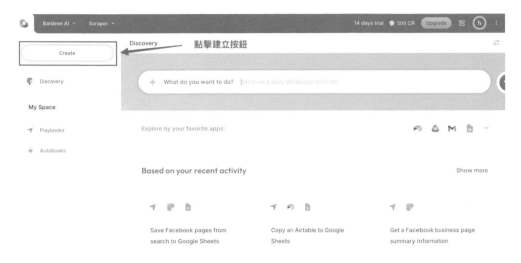

3. 點擊 Scrape。

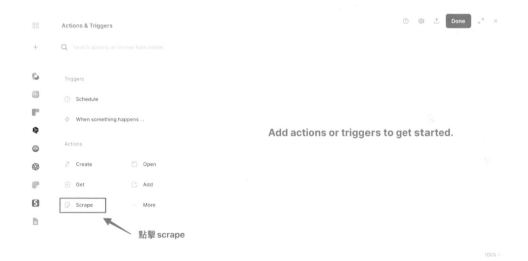

10 ｜ AI 怎麼跟外部世界溝通？

4. 點擊 Scrape data on active tab，代表爬目前開啟的 Chrome tab。

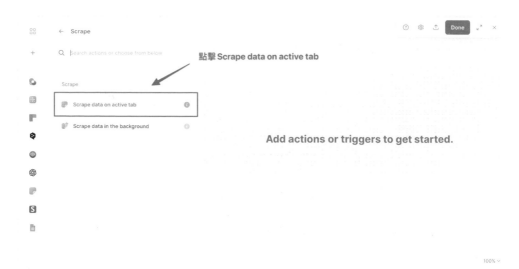

5. 建立新的爬蟲範本。

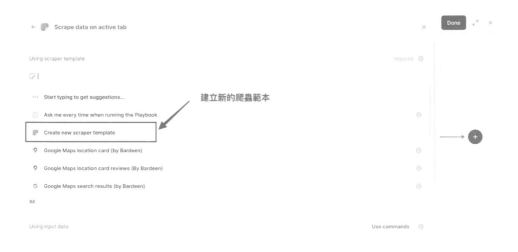

6. 選擇你要爬的網頁 (Bardeen 會顯示所有你 Chrome 目前開啟的 tab)。

7. 選擇網頁格式。有分列表型 (新聞、部落格網站等等) 跟獨立頁面
  （Instagram 個人頁面)。

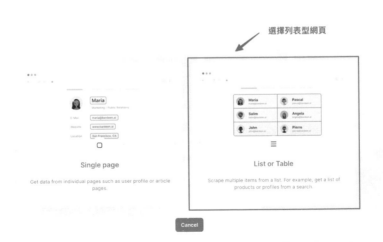

8. 命名你的爬蟲。

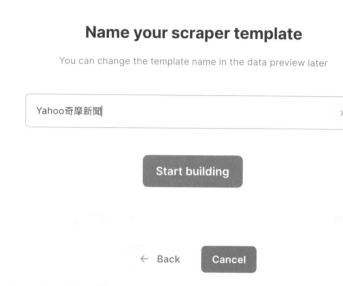

9. 先定位想要爬的內容列表。要選兩個同樣格式的內容，譬如新聞 1 號標題，新聞 2 號標題。

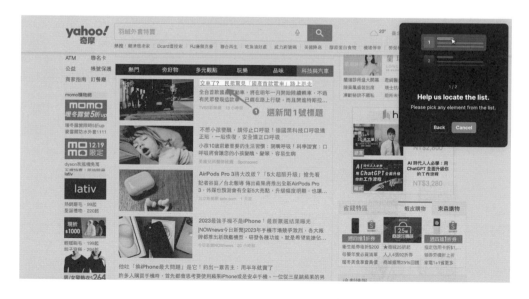

這邊選擇新聞 1 號標題，要記得第一個選什麼 (標題，文章內容)，第二個也要選『同樣』的格式。

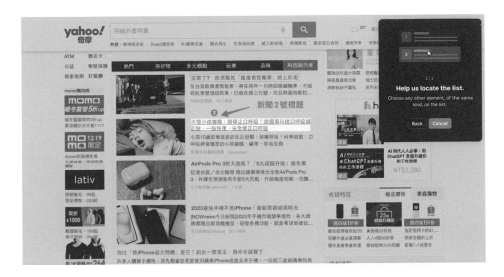

10. 選完要爬的內容以後，選擇頁面滾動方式。

正常網頁有三種方式：

(1) No Pagination- 沒滾動，只有一頁列表。

(2) Click Pagination- 每個頁面有編號，要滑鼠手動點擊下一頁的。

(3) Infinite Scroll- 無限往下滑動，往下滾就可以去下一頁 (像 facebook 那樣)

這邊就選擇 Yahoo 首頁是 infinte scroll。

11. 選擇你要爬的內容。

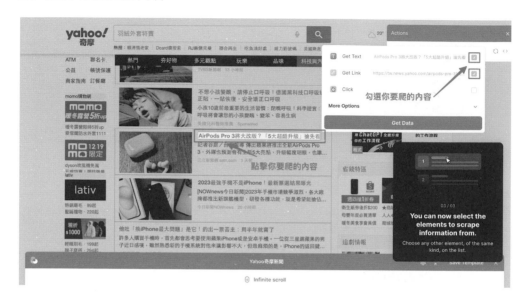

12. 幫你剛剛勾選要爬的內容欄位命名，然後儲存 (Save Template)。

13. 設定爬蟲參數，每頁爬幾條內容。

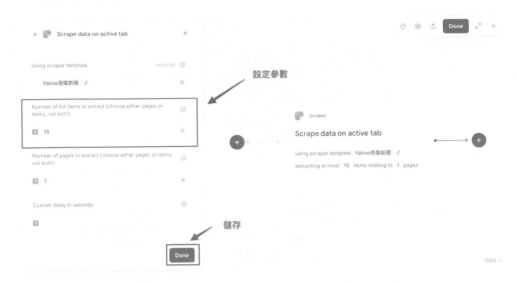

14. 這樣剛剛設定的爬蟲 (標題 / 網址) 就設定完成了，接下來就要把爬下來的資料存入 Google Sheet。這邊按 + 按鈕，選擇 New Action。 Bardeen 動作是左到右連貫起來的，新動作代表接下來做什麼動作，我們現在要設定存入 Google Sheet。

15. 到 Bardeen Action 列表，我們看能看到有很多不一樣的動作跟觸發條件。
我們這邊直接搜尋 "Add rows to Google Sheet" 代表增加一列到 Google
Sheet。

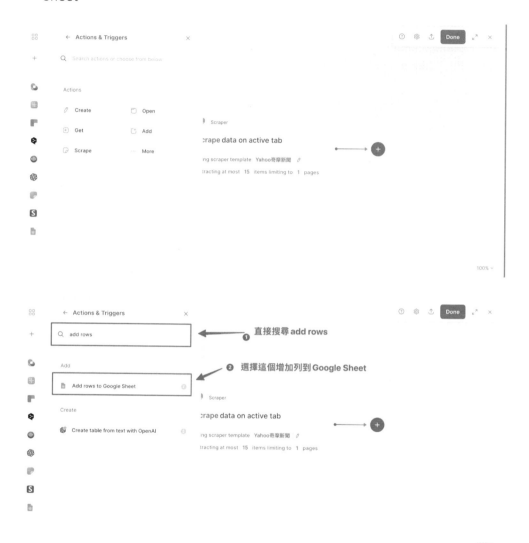

16. 選擇 Add rows 到 Google Sheet 以後，如果還沒連結 Google Sheet 帳號，
    Bardeen 會先要求連結，選擇你想要把爬出來的資料存放的 Sheet。

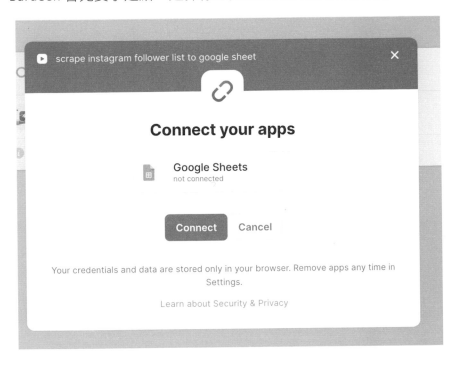

17. 選擇完 Sheet 以後，要設定你爬下來的內容 (標題 / 網址)，放入到 Google Sheet 的名字

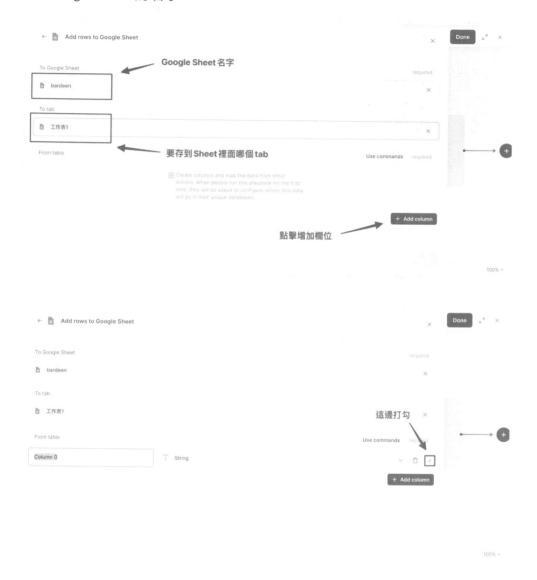

這邊就會顯示剛剛爬下來的標題會存入到欄位 0 號，現在重做一遍把網址也加進去。

18. 這樣就完成爬下來的資料存入到 Google Sheet。

19. 最後讓我們剛設定的爬蟲跟存入到 Google Sheet 每天定期執行。

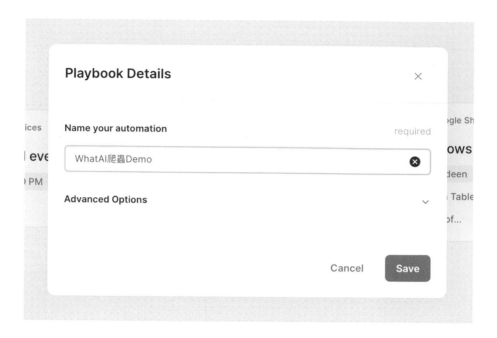

最後在這邊打開爬蟲就會定時執行了。

Bardeen 跟 OpenAI 也有很多跟第三方 APP 串接方式範例，譬如：

這樣 Bardeen 就會抓下 GoogleSheet 的資料丟給 OpenAI 處理了，Bardeen 不只是個爬蟲也是個強大的第三方 APP 串接整合工具。

Bardeen 費用：

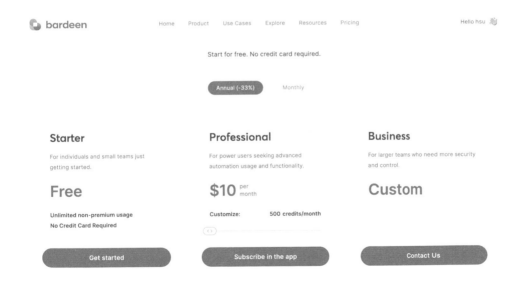

如果要定時使用爬蟲，非常建議 Bardeen，是個 CP 值很高的選擇。

10.3 AI 怎麼去下達指令跟我們常用的 APP 溝通？

剛剛展示了如何將新聞內容爬取到 Google Sheets 中，這只是我們利用自動化工具 Make 實現 AI 與世界連接的開端。

Make 是一款強大的無代碼（No Code）自動化平台，它已經整合了上千個 APP 網站的 API，為用戶提供了一個視覺化的界面，讓他們能夠輕鬆地將不同的應用（例如 Google Sheets、ChatGPT、LINE、Google Drive、Dropbox、Facebook、Instagram 等）組合在一起。你能想到的幾乎所有應用，Make 都已經實現了整合。

無論你是企業老闆、經理、市場或行銷人員，擁有 Make 這樣的工具，就等於在工作中有一個自動化機器人，隨時幫助你完成每天重複且耗時的任務。

Make 本身作為一個專門負責整合和排程應用程序工作流程的強大工具，現在加入了 ChatGPT 作為資訊整理和處理的一部分，基本上，你只需要分配任務、設定好 Make，以及檢查 ChatGPT 提供的回報即可。

自動化流程的好處：

自動化有助於簡化重複性任務，減少完成這些任務所需的時間和精力。

企業跟個人可以提高效率，讓員工能夠專注於更有創意跟戰略的工作。

GPT 當大腦→ MAKE 當自動化資訊框架→其他軟體手跟腳。

這邊我會簡單介紹如何透過 MAKE，把剛剛用 Bardeen 爬下來的每日新聞摘要，透過 ChatGPT 總結內容，再存到新的 Google Sheet 裡面。

google sheet(標題內容)->chatgpt->google sheet 寫出完整文章 ->gmail 通知

首先我們到 Make 的官網 (https://www.make.com/en)

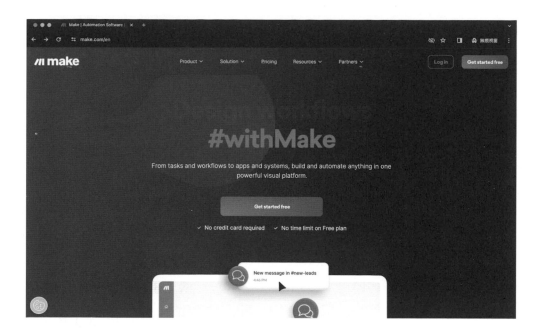

點擊 "Create a new scenario"，在 Make 裡面每個 scenario(情況) 都是個自動化程序設定。

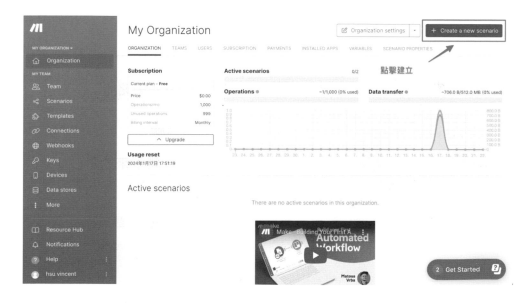

這邊搜尋 Google Sheet。

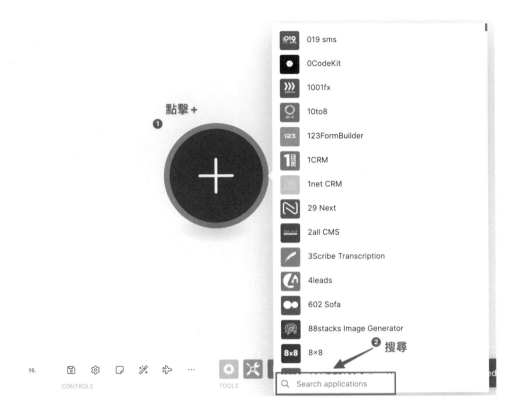

選擇 Watch New Rows，代表監控 Google Sheet 有沒有新的列產生 (Bardeen 那邊的新聞爬進來，或是其他情況)。

這邊點擊 Create a connection，讓 Make 跟你的 Google Sheet 連結跟選擇要哪個 Sheet 跟 tab。

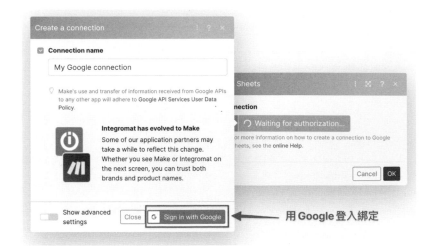

用 Google 登入綁定

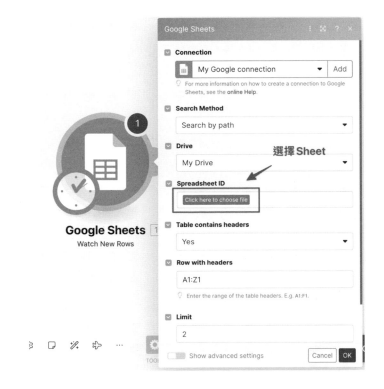

選擇 Sheet

Google Sheets
Watch New Rows

選擇完檔案後，再選 Sheet Name(Google Sheet 下方哪個 tab)，Headers 代表每個欄位有沒有標題，Row with headers 代表順序，Limit 是需要調整的地方，代表每次讀多少數據。

點選完確認以後，會問你從哪邊開始，這邊選擇 All(全部)，讓 Make 先把你目前 google sheet 狀態讀完，後續如果有新加入的資料他才會知道跟原本的不一樣了。

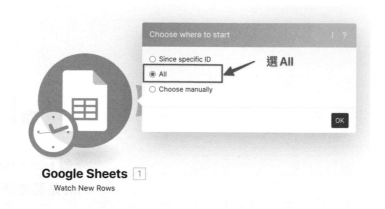

完成後鼠標移到 Google Sheet watch new rows 那個圓圈上面，會有個 + 號跑出來，選擇下一個要執行的 APP 是什麼。

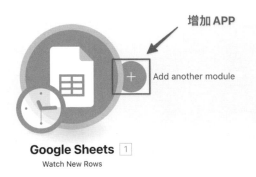

在這邊我們搜尋 OpenAI，搜尋 ChatGPT 會找不到，OpenAI 官方有很多除了 ChatGPT 以外的功能可以串接 (Whisper 是語音，Vision 是圖片識別，Audio 是說話，Image 是 Dalle 生圖)

選擇完這個以後會在開始跟 OpenAI 帳號串接綁定。

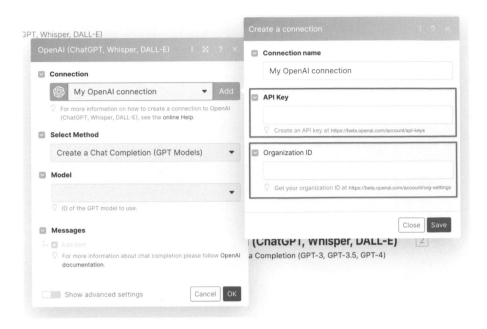

在這邊我們要去 OpenAI 開啟帳號的 API 權限 (需要充值 5 美金開啟這個功能)，在 Google 搜尋 playground。

到 OpenAI Playground(開發者後台) 的主畫面，點擊設定。

在設定畫面先把 Organization ID 複製到 Make 的欄位，然後在 billing 充值 5 美金。

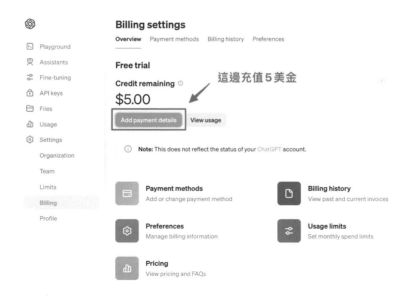

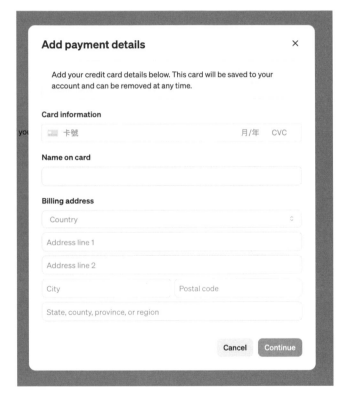

OpenAI 官方會先送你 5 美金，但要充值後才可以完整使用 Make 的功能。

充值完成以後去 API Keys，建立 OpenAI 的 API(API 的意思就是你 OpenAI 帳號專屬的金鑰，如果要自己開發使用 GPT 就會需要透過這組金鑰認定是你的，或是串接第三方程式像 Make 這種，使用 API Key 代表你的 Make 帳號跟你的 OpenAI API 綁定了)。

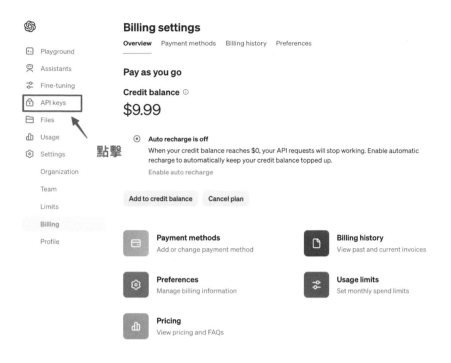

帳號要先認證手機號碼才能建立 API Key，這邊點選 Create new secret key。

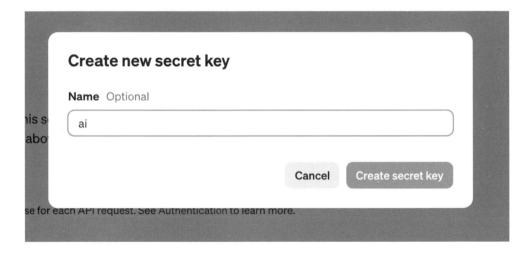

建立完 API Key 後記得點複製，OpenAI 的設定是只有在這邊看得到 Key 跟可以複製，點選完成後就看不到了，如果沒有複製到就重新建立一組新的 API Key。

這邊複製成功以後貼回去 Make 就完成跟 OpenAI 的串接了，在 Make 就可以任意使用所有 OpenAI 相關的功能。

複製 API Key

OpenAI 的 API Key 是按照 Token 計算的，正常在 Make 裡面用 GPT3.5 Turbo 就好了，如果是個人用途基本上 5 美金可以用很久。餘額是用了才會扣，沒用他就待在你帳號裡面。Input(你打的 prompt) 的費用跟 Output(GPT 的回答) 計算價格不一樣。

GPT-4

With broad general knowledge and domain expertise, GPT-4 can follow complex instructions in natural language and solve difficult problems with accuracy.

Learn about GPT-4

Model	Input	Output
gpt-4	$0.03 / 1K tokens	$0.06 / 1K tokens
gpt-4-32k	$0.06 / 1K tokens	$0.12 / 1K tokens

GPT-3.5 Turbo

GPT-3.5 Turbo models are capable and cost-effective.

`gpt-3.5-turbo-1106` is the flagship model of this family, supports a 16K context window and is optimized for dialog.

`gpt-3.5-turbo-instruct` is an Instruct model and only supports a 4K context window.

Learn about GPT-3.5 Turbo ↗

Model	Input	Output
gpt-3.5-turbo-1106	$0.0010 / 1K tokens	$0.0020 / 1K tokens
gpt-3.5-turbo-instruct	$0.0015 / 1K tokens	$0.0020 / 1K tokens

回到 Make 貼上剛剛的 Organization ID 跟 API Key 後按 Save 就可以了。

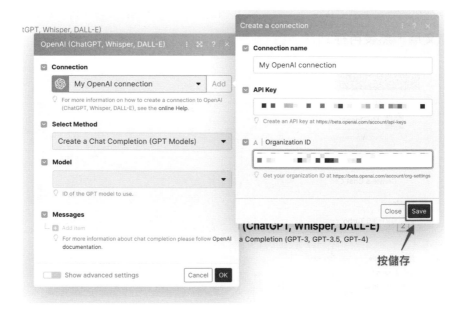

儲存成功在 Model(OpenAI 的 GPT 模型列表) 裡面選 GPT3.5 Turbo 就好了，
也可以選更新的版本，但費用會貴很多，可以看剛剛的價格表。

我們現在做個範例讓 GPT3.5 幫我們把 Bardeen 從 Yahoo 抓下來的新聞標題寫一個小文章，然後再存到 Google Sheet 的另外一個 Tab。

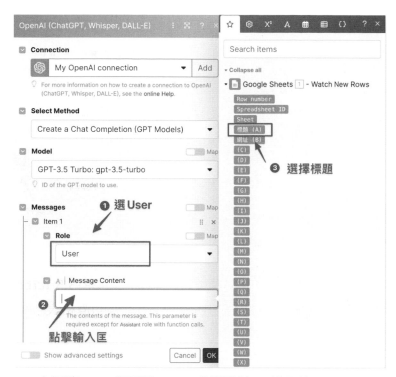

在這邊 Role 裡面選 User(我們要對 AI 輸入的 Prompt)

然後點擊輸入框，點擊輸入框後右邊的 Google Sheet 綠色欄位才會跳出來。

如果沒有跳出來的話，先關掉 OpenAI 的圈圈，回到 Scenario 主畫面。

在這邊先點擊 Run once，讓 Make 先執行剛剛設定的監控 Google Sheet 狀態，執行後 Make 的數據就會被更新，然後再回去點剛剛 OpenAI 的輸入框，點擊 "標題" 或是你 Google Sheet 設定的欄位名字。

Select Method

Create a Chat Completion (GPT Models) ▼

Model 　Map

gpt-3.5-turbo ▼

　ID of the GPT model to use.

Messages 　Map

Item 1 　∷ ×

Role 　Map

User ▼

Message Content

幫我用 " 1. 標題 (A) "寫一分簡單的幽默文章,不要超過50個中文字. 用繁體中文回答

　The contents of the message. This parameter is required except for Assistant role with function calls.

Prompt 指令

Show advanced settings 　Cancel 　OK

點擊 Google Sheet 的標題欄位後它就會跳入到輸入框了，這樣代表當 Google Sheet 的標題欄位有更新的時候，更新的那個值 (標題)，就會被帶入到 ChatGPT 的 Prompt 欄位。

我們在這邊再打上我們自己的 Prompt 套用在這個值上面，我在這邊打的 Prompt 就是說用這個新聞標題幫我寫個幽默小文章。

這邊可以先照我打的 Prompt 示範完整跑完一遍流程，打完 Prompt 按 OK。

接下來我們在 Google Sheet 開一個新的 Tab。

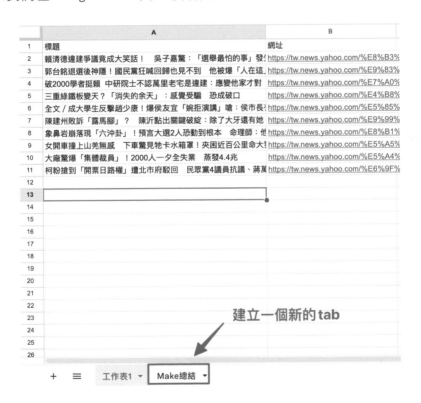

然後再回 Scenario 主畫面多新增一個 Google Sheet，負責存入 GPT 生出來的答案到剛剛新開的 tab 裡。

再增加一個

Google Sheets 1

Watch New Rows

OpenAI (ChatGPT, Whisper, DALL-E) 2

Create a Completion (GPT-3, GPT-3.5, GPT-4)

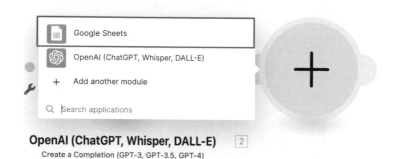

OpenAI (ChatGPT, Whisper, DALL-E) 2

Create a Completion (GPT-3, GPT-3.5, GPT-4)

選增加一列

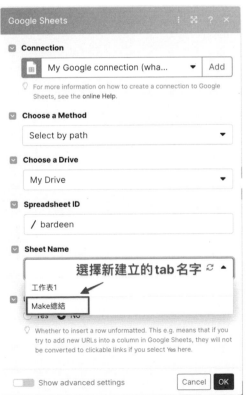

點擊輸入框，就會看到 OpenAI 的欄位出現，一路往下點展開就會看到
Content。

這樣按 OK 就設定完成了，然後點擊 Run once。

這邊流程是這樣設計：

Make 會監控 Google Sheet，有新的數據進來，就會被發送到 GPT，GPT 就會跑剛我們剛剛輸入的 Prompt 跟標題，產生一個小文章存入到我們剛剛建立的 Tab 裡面。

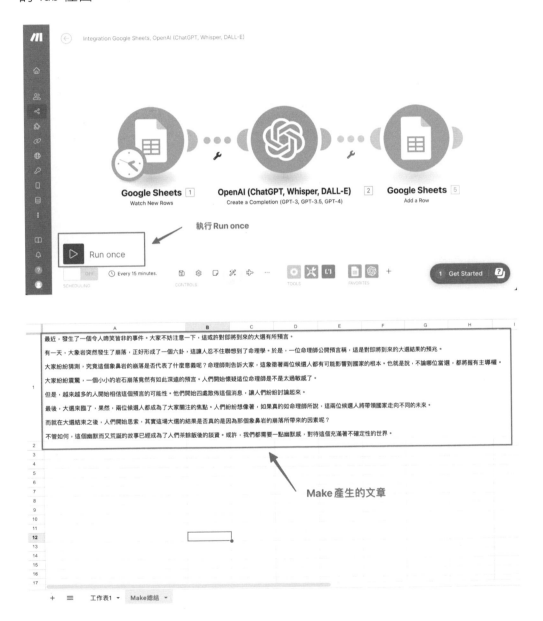

這樣我們就看到 Make 從一個新聞標題產生一個新的文章了，我們回 Scenario 畫面會看到每個圓圈上面都有個數字，代表有多少數據被執行。我這邊在第一個 Watch new rows 只設定 1 個數據 (生成 1 個文章)，所以數字都是 1。

最後可以設定排程多久去執行 Scenario(這邊情況是監控 Google Sheet)。

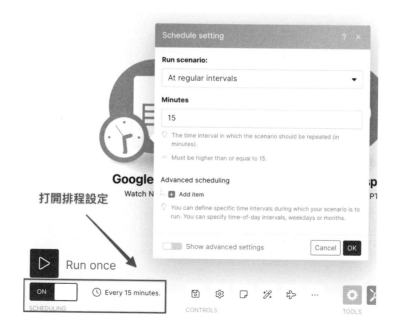

這樣就介紹了一個基礎完整的 Make、Google Sheet、ChatGPT 整合的範例。

在 MAKE 這邊玩法跟場景有很多種，譬如如果是爬一些新聞內容的話，這邊就可以說幫我總結之類的，或是你自己輸入很多社群行銷標題在 Google Sheet 裡面，也可以打 Prompt 幫我產生貼文。

另外 Make 也有支援 Line 的 API，也就是說不用寫 code 也可以讓 Line 跟不同 APP 串連再一起。

他的計費方式是按圈圈資料輸入輸出數計算的叫 Operations 為單位，免費方案每個月都會送你 1000 個 Operations，如果是個人用途其實算滿夠用的。

10.4 AI 克隆你自己的聲音 -ElevenLabs

這是 AI 時代生成模型最佳網站之一，文字轉語音技術。

語音在過去技術上其實已經很成熟了，但配上 GPT 兩個混合效果就變得更驚人。

現在有分兩種語音克隆：

1. 在專業錄音間講稿子 (是特別寫過的稿子，裡面會讓你把所有音調都講出來) 大概要半小時，費用很貴，最後再給 AI 模型訓練個幾天，才會把聲音給你。但 AI 生成的聲音效果是最好的。
2. Elevenlabs 這種，只要上傳短短的自己聲音，也不用念稿，就可以讓 AI 生成出來。

然後 Elevenlabs 也支援多國語言 (國外基本上類似服務都不支援中文的)，費用又超級便宜，目前是 AI 生成聲音的第一選擇。

首先我們先進入 ElevenLabs 首頁 (https://elevenlabs.io/)

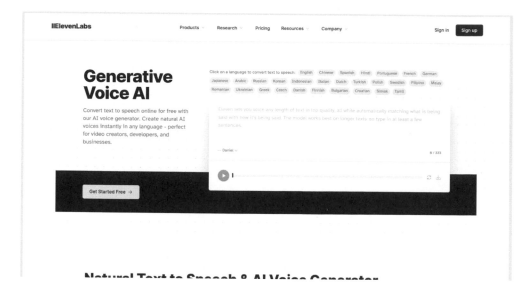

在這邊登入後會進入到主畫面。

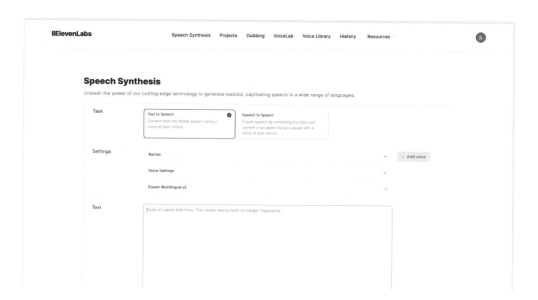

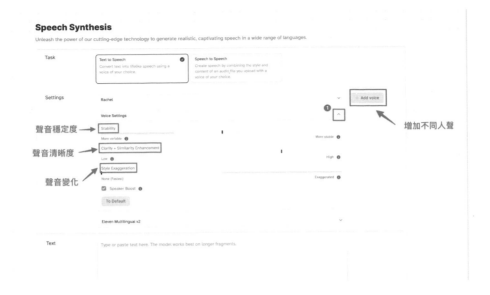

在這邊點擊下拉按鈕後可以更細膩的調整聲音：

1. 聲音穩定度：增加穩定度可以讓每次生成的聲音更加一致，但聲音會變得比較單調，沒有很大的起伏。

2. 聲音清晰度：增加清晰度可以讓聲音聽起來更清晰，更像自己上傳的聲音。但如果增加太多有可能會聽起來反而假假。

3. 聲音變化：增加變化程度可以讓聲音聽起來更有高底起伏一點，但如果增加太多生成聲音的時候會變得比較不穩定 (每次生成的結果有可能聽起來不一樣)。

Elevenlabs 原本就有最佳預設值，上傳自己聲音後可以試著玩玩看不同參數的聲音變化，如果調整完覺得預設值還是比較好的話可以點選『To Default』按鈕回到預設值。

增加自己聲音的方式

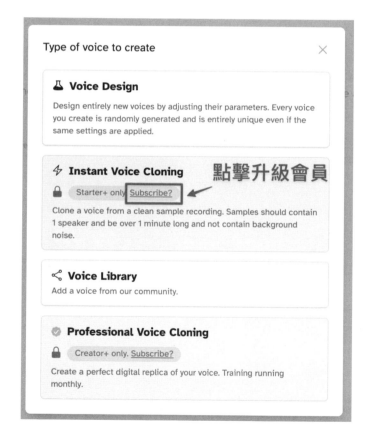

在這邊 Elevenlabs 要使用克隆聲音的話要付費升級會員，使用他們自己的聲音庫就不用。

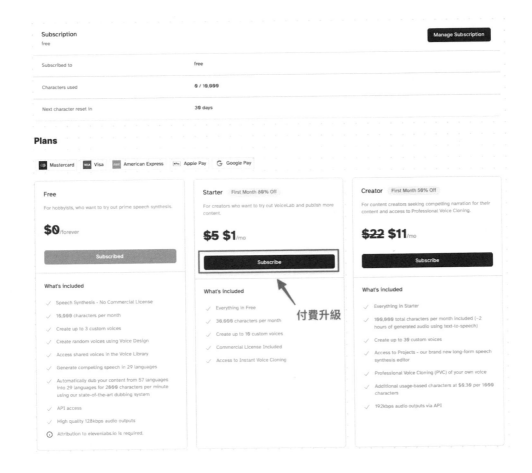

在這邊點選付費升級，Starter 會員每個月有 30,000Characters(3 萬個中文字)，
如果超過就升級成 Creator 會員就好了。然後就可以增加自己聲音了。

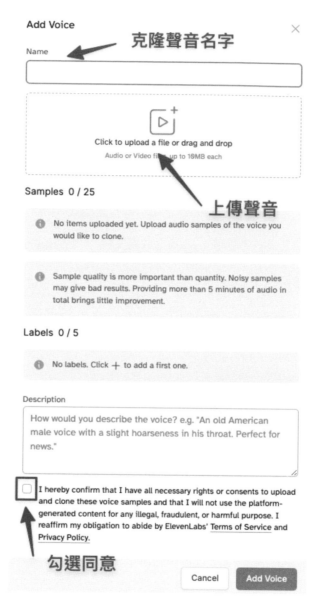

Elevenlabs 沒有限制上傳聲音檔至少要多久，官方是建議 1 分鐘，最適合的是 5 分鐘高品質聲音檔。建議在沒有背景噪音的環境下錄製，官方有強調聲音的質量大於數量 (長度)。

上傳成功後就會看到這個畫面:

選擇完聲音以後就可以開始打『文字』,讓 Elevenlabs 用你剛剛上傳的聲音『講出』你打的文字了。

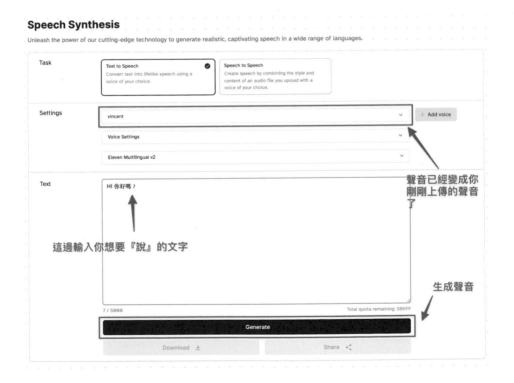

點擊使用你上傳的聲音回到主畫面，就會看到剛剛設定的名字出現了。

在文字輸入框可以打你要輸入的文字，在這邊任何語言都可以打，一句話裡面有中英文夾雜會被唸出來。如果你打英文點擊生成聲音，Elevenlabs 就會用你的聲音把那段英文唸出來，如果你打日文就會用日文唸，韓文就會用韓文唸，甚至法語德語都一樣，目前已經支援 30 國語言了。

生成完按播放就可以聽到自己的聲音，按下載就完成了。這邊要注意一下如果錄製的聲音比較久，那個下載按鈕不會馬上跑出來，他會先讓你聽前面，要稍微等一下等到生成完整以後才會有下載按鈕。

相信這樣體驗完 Elevenlabs 克隆聲音後就會被目前 AI 克隆聲音的技術震撼到，以後也要時常保持警覺，在這邊上傳任何人的聲音檔案，打一段文字，就可以模仿他的聲音講話，已經幾乎可聽不太出來了，在參數上在做微調，最後加上一些背景雜音，真的在電話上會聽不出來。

所以如果接到陌生來電，甚至電話訪問等等的，有可能都是有不法人士想要盜取你的聲音。

10.5 AI 克隆你自己的臉做虛擬數字人 -Heygen

這邊是如何上傳一張圖就產生自己的數字人，還可以串接原本在 Elevenlabs 的自己克隆聲音。

首先我們來到 HeyGen 官網 (https://www.heygen.com/)

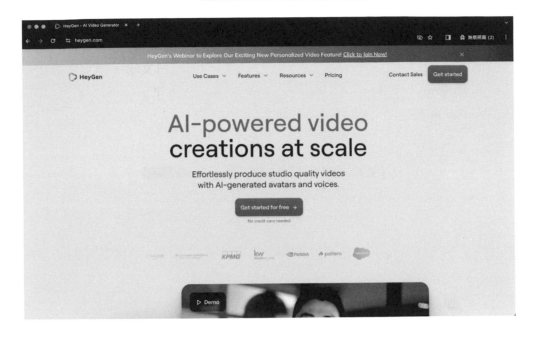

註冊登入完以後就會進到主畫面：

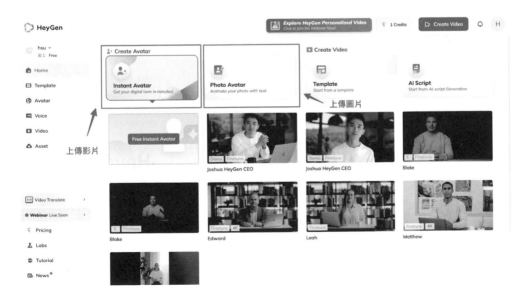

這邊 Heygen 分成兩種方式製作數字人：

1. Instant Avatar: 上傳至少兩分鐘的影片，會幫你做出你自己的數字人分身（臉、講話的嘴型、表情、手勢）。

2. Photo Avatar: 上傳一張正面照，會幫你做出你自己的數字人分身（臉、講話的嘴型、表情）。

首先我們要先製作自己數字人，之後才可以輸入文字讓這個數字人講話。

這邊用 Photo Avatar做範例（上傳圖片照）。

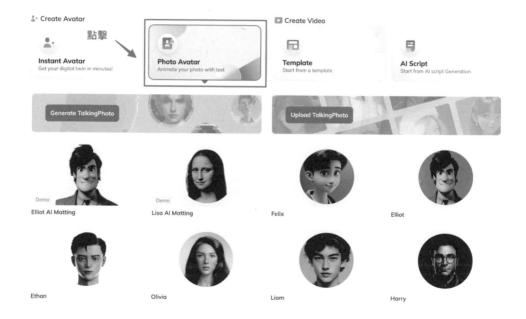

在這邊點擊 "Photo Avatar" 上傳自己的照片，下方也有很多 Heygen 原本的動畫 Avatar 範本可以免費使用。

上傳完成就會顯示在下方，然後就可以開始製作數字人影片了。

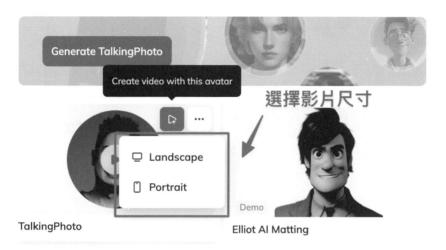

有兩種尺寸可以選擇：

1. Landscape:16:9 橫的影片 (Youtube 類型)
2. Portrait:9:16 直的影片 (抖音類型)

選完以後就會進入到數字人影片製作畫面：

這邊主要是輸入你要講的話，跟要搭配什麼聲音，可以自己上傳原本已經錄好的聲音檔 (mp3,wav)，或是直接對著麥克風照稿子錄也可以。

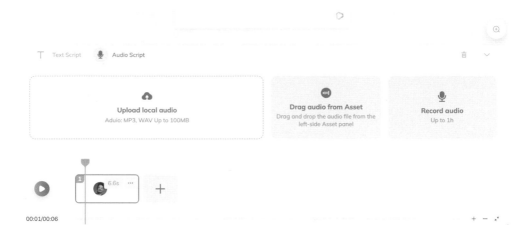

更改聲音的畫面可以選擇 HeyGen 已經預設好可以使用的聲音，只有少數是中文的。

在這邊可以串接 Elevenlabs，讓你在 Elevenlabs 克隆的聲音直接在 Heygen 的數字人說出來。

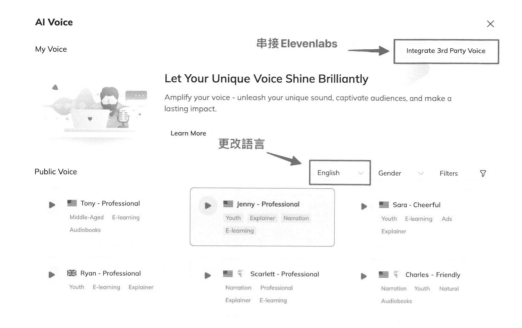

點擊 "Integrae 3rd Party Voice" 會出現這個畫面：

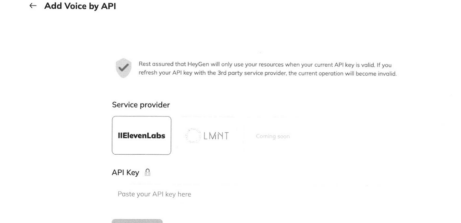

我們回到 Elevenlabs 官網的主畫面：

點選 "Profile"。

複製這個 API Key，代表你的 Elevenlabs 帳號連結的金鑰 (會需要變成 Elevenlabs 付費會員才能使用)。

回到 Heygen 貼上 API Key：

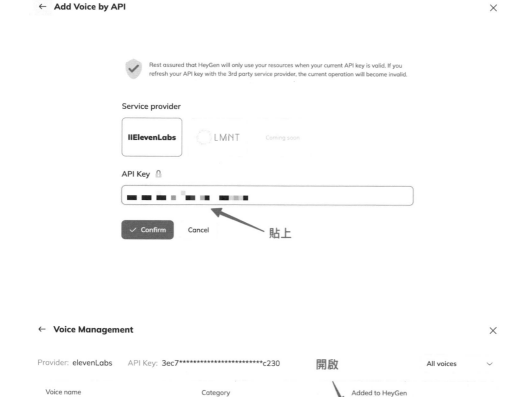

成功開啟以後就會出現在原本的聲音列表了：

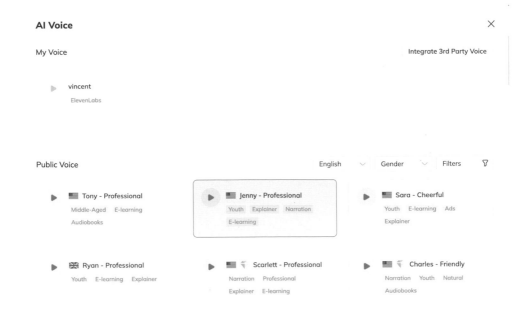

點擊自己聲音後就會出現在數字人畫面：

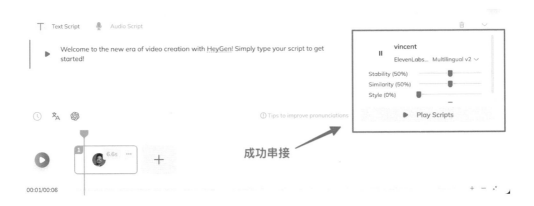

串接 Elevenlabs 的時候，一樣會照 Elevenlabs 的方式扣點數，Heygen 只是提供一個串接整合服務，讓用戶比較方便使用。

接下來就可以輸入講稿，然後可以按下方播放按鈕試聽，如果都沒問題的話就可以按 "Submit" 按鈕送出，在這邊 Preview 的話只會看到靜態照片，要按送出生成製作臉才會跟著講話。

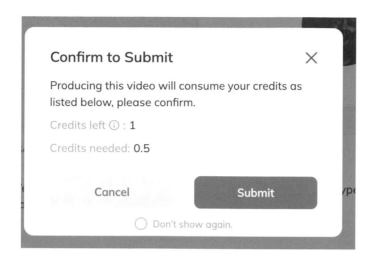

在這邊確認送出，Heygen 會跟你說製作這個數字人所需要的點數。

1Credit=1 分鐘，最小單位是 0.5Credit。

這邊的分鐘數會以講稿的時間來計算 (你打的文字內容需要講多久)

送出後就等他生成，看錄製的時間跟當下 Heygen 伺服器忙不忙錄，有時候很快幾分鐘就好，有時候會要等到幾個小時。

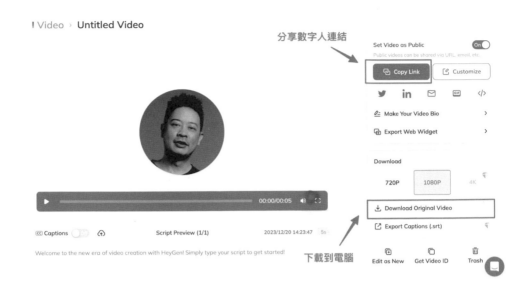

這樣子就完成了！

你的照片，會配合你在 Elevenlabs 的聲音，照著剛剛打的文字講話了，臉部跟嘴巴都會像你正常講話的樣子，變成一個影片檔案可以下載到電腦或分享到網路上了。

Template 使用方式：

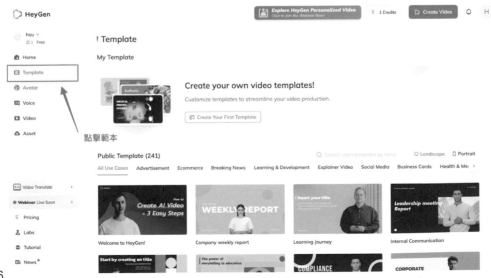

一開始製作好 Photo Avatar(圖片數字人以後)，也可以選旁邊的 Template，裡面有很多範本可以選擇，譬如新聞主播、產品介紹、功能簡介、功能簡介等等。

在這邊可以直接把你上傳的 Photo Avatar 把原本 Heygen 的人臉換掉。

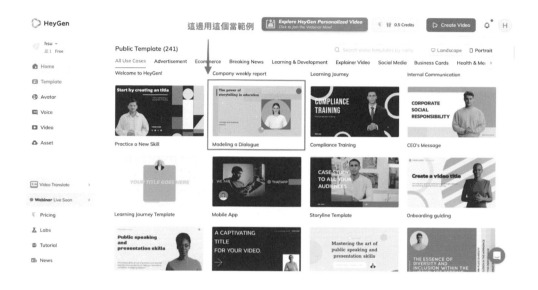

接下來就會到範本的主畫面，基本上就是一個完整的影片不同片段，這邊可以把 Heygen 原本的大頭貼換成自己的，Heygen 會自動套用到所有的畫面。

這邊選擇自己的大頭貼，Heygen 就會自動套用在所有螢幕畫面了。

可以根據你想要的文案去做影片文案的調整，然後也可以跟剛剛一樣串接 Elevenlabs 自己的聲音，這樣子就變成數字人簡報影片了。

HeyGen 收費方式：

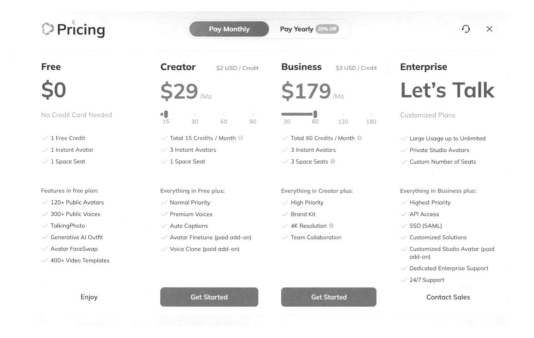

免費會員基本上就是生 1 分鐘影片給你體驗看看，月費會員每個月要 29 美金，只能生成 15 分鐘影片。

這樣偶爾生成一次可以，譬如行銷廣告活動等等，這邊介紹一個免費開源的對嘴 AI 模型，做到的效果也可以跟 Heygen 差不多。

LipSync 對嘴 AI 模型教學：

1. 上 LipSync 的 Google Colab(參考附件網址)
2. 上傳自己的影片 (剛剛 heygen 生成的就好)
3. 上傳自己想要錄的聲音
4. 完成

LipSync 是一個影片對嘴 AI 模型架設在 Google Colab，Google 官方免費提供雲端運行程式碼平台，不需要在自己電腦安裝任何軟件，不需要任何設置可以打開網頁就可以運行了)

用戶可以上傳自己的影片跟聲音檔，LipSync 就會把原本影片的聲音去掉，用上傳的聲音檔覆蓋，最後對嘴圖片人物講話的嘴形，最後看起來就會像正常的數字人影片。

首先到 Lipsync 的 Google Colab(不用害怕都是代碼，我們只需要點擊執行跟上傳檔案就好):

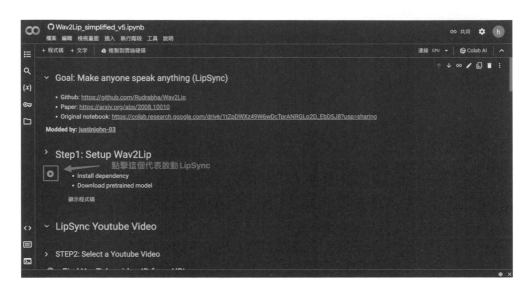

點擊按鈕啟動，會在轉圈圈，需要等一陣子，只要用 Chrome 瀏覽器就可以正常運行，不用擔心電腦配置或環境。

執行成功會出現 "All set and ready!"，如果沒有的話可以重新整理瀏覽器頁面再試試看。

在這邊操作要一步成功以後再往下進行下一步。

接著往下滑找 "LipSync on Your Video File"

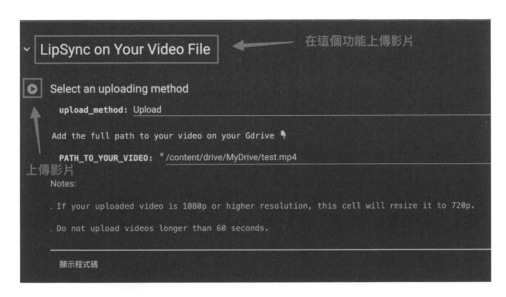

這邊會先問你連結 Google Drive，LipSync 會把完成的檔案存到裡面。影片檔案不能超過 1 分鐘。點擊上傳按鈕後他會持續轉動，等到他沒轉恢復成原本樣子就代表上傳成功了。

接下來上傳你希望原本影片講話的聲音檔，可以自行錄製或透過 Elevenlabs AI 生成。

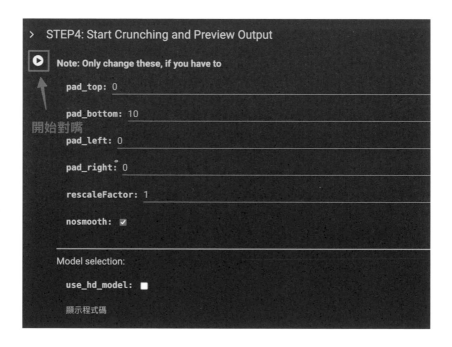

這樣子就完成了，上傳的影片就會講出你上傳的聲音檔，並且嘴巴會對嘴保持一致。

透過 LipSyncAI 免費開源模型的方式，做一個免費開源模型的示範。

它幾乎可以達到 Heygen 的效果 (因為 Heygen 真的太貴了)，然後其實還有很多免費開源模型可以做出幾乎跟付費網站一樣的效果，甚至其實很多付費網站本身就是拿開源模型來做 AI 生成的。

所以前面章節才強調要培養自己 AI 的工具庫，很多時候不是只有效果的問題，而是要大量進行生成的時候，就需要考慮成本費用了。Elevenlabs 目前的費用還算可以接受所以還好，但其他影片處理的網站費用都偏貴，如果你

是網紅，或者每天都得錄好幾分鐘甚至更長的影片，懂得什麼時候該用哪種
AI，能不能找到免費的開源模型用，這些都會成為你的一大優勢。

10.6 AI 視頻換臉 -Roop

接下來教另外一個 AI 換臉在 Google Colab 上運行。

Roop 是一款免費開源 AI 換臉模型，用戶可以上傳自己的照片，跟想要換臉
的視頻，你的臉就會被換到視頻上面囉！（目前需要跟 Google 購買算力才能
使用，執行 Deepfake 換臉到一半的時候，Google 會自動引導你去付款頁面）

Pay As You Go

100 個運算單元所需費用為
US$10.49

500 個運算單元所需費用為
US$52.49

你目前有 0 個運算單元。

**運算單元會在 90 天後失效。你可以視需求
購買更多運算單元。**

✓ **不需訂閱。**
以量計價，即付即用。

✓ **更快速的 GPU**
升級至更強大的 GPU。

首先我們到 Roop 的 Google Colab。

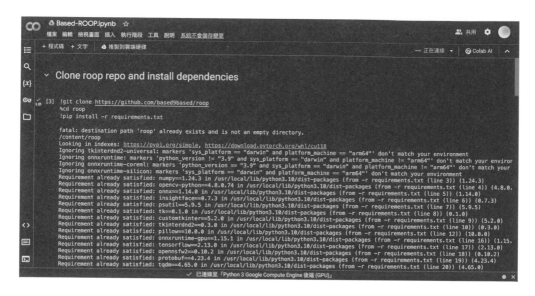

這邊會先把 Roop 程式碼從 Github(世界最大程式碼託管平台，微軟花 75 億美金收購) 下載到 Google Colab。

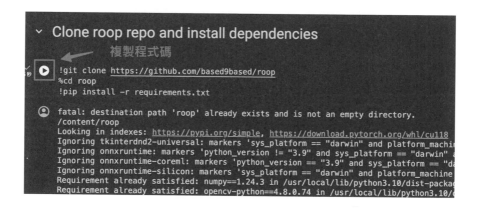

然後點擊下載 AI 換臉模型。

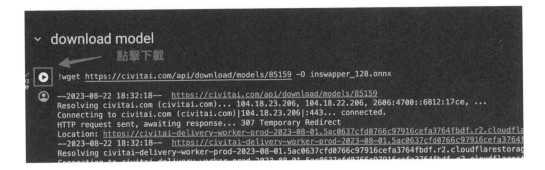

下載好模型以後往下滑會看到 Deepfake。在這邊要先上傳自拍照：

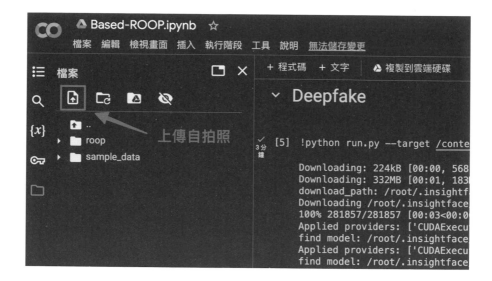

Roop 最多大概可以換 30 秒的影片，如果超過 30 秒可以讓影片切成多段進行換臉動作。

把上傳自拍照的檔名改成 "AS.jpg" ，然後一樣動作上傳你想把臉套用上去的影片上。

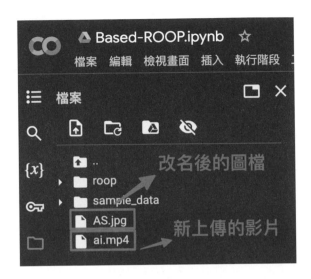

在 Deepfake 程式代碼裡面，要把影片檔名改成新上傳的檔名 (不要用中文檔名)，然後點執行 (大概需要等 20 分鐘)。

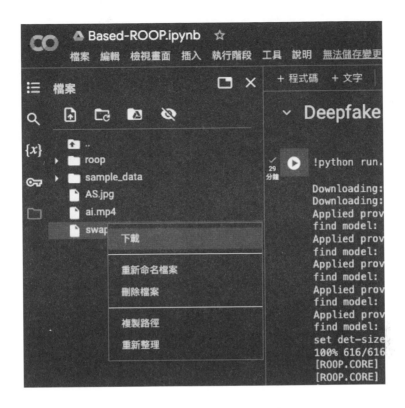

最後下載檔案就完成了 AI 視頻換臉了，我們來比較一下：

這是我上傳的圖

左邊是原始影片，右邊是被換臉後的影片。

10.7 GPT 運用在機器人上面

基本上概念是機器任透過大語言模型，在自己數據庫裡面透過圖片、影片、聲音，把對世界的感知透過 Transformer(GPT 的 T) 去理解世界。

Gen AI 可以幫忙生成 2D 圖像、視頻、3D 場景或 4D（3D + 時間）等訓練機器人所需的語料。鑒於現實世界中的機器人經驗（數據）極為珍貴，生成式 AI 可以被視作 "學習型模擬器"。我堅信，沒有模擬的訓練和測試，機器人研究是無法大規模進行的。

1. 結合不同輸入模式的多模態：例如將視覺和語言結合起來。現在這已經擴展到包括觸覺、深度感知以及機器人動作。

2. 對相同輸入狀態允許不同響應的多模態：這在機器人技術中相當常見，例如用多種方式抓取同一個物體。

在把這些知識轉化為機器人動作的通用指令，這代表機器人可以像 ChatGPT 一樣變成通用人工智能了 (不會侷限於特定任務)，以前的機器人會花費很久的時間跟研究開發本，去開發一個指定任務，譬如從定點 A 走到定點 B，或是專門做某個動作。

但現在 GPT 的出現，讓機器人可以學習世界和自己數據庫相關的知識變成動作，就像特斯拉的自動駕駛一樣，特斯拉把原本 30 萬行的 C++ 程式代碼全部轉移到 xAI 裡面了，然後 AI 實現了原本程式代碼怎麼寫都寫不到的自動駕駛等級。

現在 Optimus 真的人形機器人出來，可以深蹲，捏雞蛋。

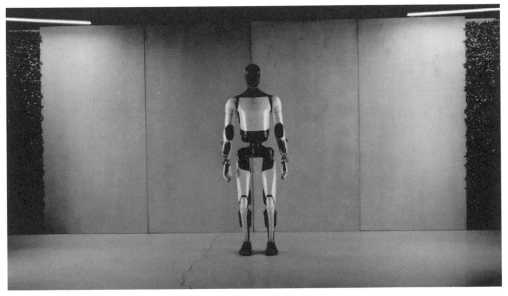

來源 (X/Tesla Optimus)

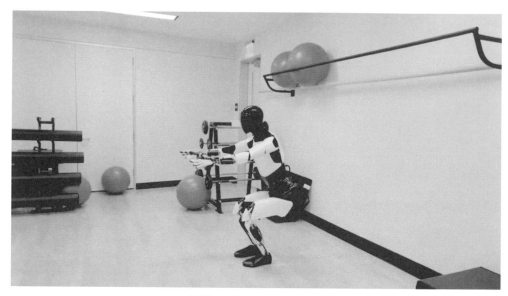

來源 (X/Tesla Optimus)

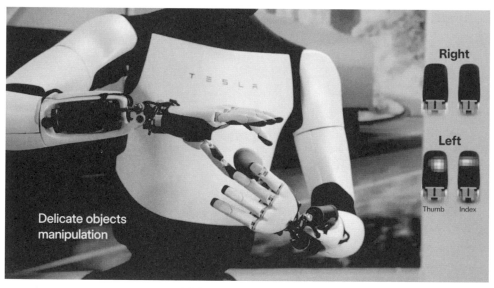

來源 (X/Tesla Optimus)

這些都來自於 tesla 的 xAI，目前所有的特斯拉自動駕駛數據、機器人數據跟 x 平台上的數據都在 xAI 裡面訓練，擁有的數據量是其他 AI 公司無法比擬的。自動駕駛跟機器人可以收集物理世界的數據轉換到 AI，x 平台上的所有用戶言論也代表著龐大的數據庫。我們可以期待未來 xAI 有突破性的改變。

除了特斯拉以外，Google 的 Deepmind 也做了 RT2 (Robotic Transformer2)，是一種 (Vision Language Action VLA) AI 模型，跟 ChatGPT 的大語言模型很像，只不過是透過影像輸入而不是文字。

來源 (Google Deepmind)

11 未來小孩跟AI
怎麼相處

11.1 小孩還需要去補習嗎？

在過去，補習班是許多家長和學生的選擇，目的是為了在學校課業之外，獲得更深入的知識和技能。隨著 AI 的發展，傳統的補習班模式是否還適用於未來的教育？

AI 的發展正在逐漸改變我們的生活，教育領域也不例外。在未來，AI 將能夠自動完成許多傳統教育中由人類完成的工作，例如解題、批改作業，甚至授課。這意味著，小孩將需要學習如何與 AI 合作，才能在未來的教育體制中取得成功。

不是以學科為導向的教學，而是以"會什麼技能"，用在哪裡為導向的教學，譬如會剪短視頻、拍視頻、做 Podcas、AI 生圖、生影片等等，要更靈活在家就可以學會這些技能，小孩就可以輕鬆直接十八般武藝的把技能樹點滿

去 AI 補習班：

對於孩子們而言，學習 AI 的基礎知識變得越來越重要。因此，參加專門為 AI 基礎和工具提供的補習班將是一個明智的選擇。我們傳統的教育體系很難應對 AI 帶來的變化，學校主要負責教授數學、歷史和經濟等傳統學科，但許多問題將由 AI 解決。這不僅是關於學習 AI 的操作和應用，更重要的是學會如何與同樣了解 AI 的同學進行有效的交流和合作。

這種對 AI 技能的需求將在未來的傳統教育中造成巨大的不平衡。如果孩子們在上學時沒有學會如何使用像 ChatGPT 這樣的工具，他們可能會被分成不懂 AI 的群體，而這些孩子有可能會被懂 AI 的同學排擠。在這種情況下，AI 技能將成為一種新的全球共通語言。這不僅僅是社交層面上的排擠問題，而是在所有學科領域，不懂 AI 的孩子都可能會落後於懂 AI 的同齡人。

- 學習 AI 基礎知識和技能：AI 補習班可以幫助小孩學習 AI 的基礎知識，例如機器學習、自然語言處理等，以及相關的工具和應用。
- 培養與 AI 合作的能力：AI 補習班可以幫助小孩學習如何與 AI 合作，例如如何提出問題、如何理解 AI 的答案等。

- 提升競爭力：在未來，懂得 AI 的人將具有更大的競爭力。因此，接受 AI 補習班的教育可以幫助小孩在未來的職場中取得成功。

對於當代父母來說，確保孩子們獲得 AI 教育變得至關重要。這不僅包括 AI 的基本操作和應用，還包括理解 AI 如何影響我們的生活和學習方式，以及如何在一個越來越依賴 AI 的世界中找到自己的位置。AI 補習班不僅提供了學習這些技能的機會，還有助於孩子們培養與 AI 互動和合作的能力，這將是他們未來成功的關鍵。

英文數學還那麼重要嗎？

在未來的世界裡，AI 將成為孩子們的主要語言學習夥伴。這種學習模式允許孩子們根據自己的興趣選擇學習的語言，而 AI 則在旁邊提供幫助和指導。每個孩子都將成為世界文化的混合體，擁有平等的學習機會和起點。在這樣的環境下，英語成為 AI 教學中最擅長且工具最完善的語言，而不僅僅是社會強制要求學習的科目。

英語在 AI 的世界中有著特殊的地位，它是 AI 的「母語」。這是因為在訓練 ChatGPT 或其他 AI 模型時，需要使用大量的網路數據，其中大部分資料都是以英文呈現。因此，使用英文與 AI 進行溝通，尤其是在提出問題（Prompt）時，通常會得到比使用其他語言更好的效果。這是當前 AI 技術的一個基本事實。此外，許多相關的學術資料和知識庫也以英文為主，這使得掌握英文在未來變得尤為重要。

除了語言學習，數學也是在 AI 時代培養孩子們不可或缺的能力。數學不僅是一門科學，更是訓練邏輯思維的重要工具。在一個 AI 能夠回答各種問題的時代，孩子們需要學會如何有邏輯地提問，這就像解數學題一樣，需要一步一步地引導 AI，才能得到滿意的答案。這種思維訓練對於孩子們在 AI 主導的世界中保持獨立思考和創新思維非常重要。

未來的教育將不僅僅是關於學習特定的學科知識，更是關於培養孩子與 AI 有效溝通的能力，以及發展獨立和邏輯的思考方式。這種教育將幫助孩子們更好地適應未來世界的需求，無論是在語言能力上，還是在邏輯思維和問題解決的技能上。AI 將成為一個強大的學習工具，但掌握如何有效使用它將是未來教育的關鍵。

11.2 AI 讓小孩多才多藝

AI 開啟了一個新的篇章，特別是在教育和兒童成長方面。家長現在有機會利用 AI 技術，培養小孩成為不同領域的專家。這種低成本、高效率的學習模式為孩子們的全面發展提供了前所未有的機會。通過 AI 的幫助，孩子們可以輕鬆接觸和學習各種不同的技能和知識，從藝術到科學，從語言學習到編程技能。

AI 技術使得個性化學習成為可能。它能夠根據孩子的興趣和能力定製學習計劃，這意味著每個孩子都可以根據自己的興趣和專長來學習。這樣一來，孩子們從小就能夠探索和發現自己的潛能，無論是音樂、繪畫、科學還是數學，他們都可以在 AI 的協助下發展自己的專長。

此外，AI 在識別和培養孩子的潛在天賦方面也發揮著重要作用。通過分析孩子在不同活動中的表現和反應，AI 可以幫助家長和教育者識別孩子們的特殊才能和興趣點。這種早期識別不僅有助於及時培養孩子的特殊才能，還能提供更加針對性的教育和發展計劃，從而充分發揮孩子的潛力。

AI 技術的另一大優勢是它可以隨時提供支持和反饋。當孩子們在學習過程中遇到困難時，AI 可以立即給出反饋和正確的解決方案。這種即時反饋機制有助於孩子們迅速糾正錯誤，並更有效地掌握新知識。此外，這種評估方式還能幫助家長和教師更好地了解孩子的學習進度和能力，從而提供更加有針對性的指導和支持。

最重要的是，AI 的使用打破了傳統學習資源的限制。不再受限於學校的課程或家教的可用性，孩子們現在可以隨時隨地學習他們感興趣的任何主題。這種無限的學習資源和自由對孩子們的成長至關重要，它鼓勵他們探索新的領域，發展多元化的興趣和技能。

AI 的應用在教育和兒童成長方面開闢了新的可能性。它不僅提高了學習的效率和樂趣,還為孩子們提供了一個無限的學習空間,讓他們能夠發展成為多才多藝的人才。這種技術革命將對孩子們的未來產生深遠的影響,為他們的成長和發展奠定了堅實的基礎。

技能發展

AI 軟件在藝術技能的發展方面扮演著關鍵角色,尤其是在繪畫和音樂領域。它透過互動式教學方法,使學習過程變得更加生動和有效。

- 繪畫學習:考慮一款專門為兒童設計的 AI 繪畫應用程序,它可以教導年幼的藝術家如何從基礎開始。比如,一位 7 歲的孩子正在學習繪製卡通動物。應用程序透過動畫教學,引導孩子理解基本形狀的繪製、如何添加細節(例如動物的眼睛和毛髮),以及如何運用色彩來賦予畫作生命。此外,應用程序可以通過互動式練習和即時反饋,鼓勵孩子不斷嘗試和改進。

- 音樂學習:想像一款 AI 音樂學習軟件,專為想學習樂器的孩子們設計。一位 10 歲的孩子正在使用這款軟件學習鋼琴。當他嘗試彈奏經典曲目《小星星》時,軟件透過音頻分析技術,即時指出他在節奏和音高方面的錯誤。軟件提供視頻示範和互動練習,幫助孩子更好地理解音樂的節奏和旋律結構,從而改進他的表演。

創造力激發

AI 在激發孩子們的創造力方面也發揮著重要作用,尤其是在藝術和音樂創作中。

- 藝術創作:想像一款 AI 藝術應用,它可以向孩子展示各種藝術風格和主題,從古典到現代,從現實主義到抽象派。例如,對於一位 8 歲的孩子來說,應用程序可能會展示一系列幻想和夢幻風格的藝術作品,激發他創作自己的幻想世界畫作。應用程序還可以提供各種創意挑戰,比如要求孩子繪製一個夢幻的外星景觀或創造一個神話故事中的角色。

- 音樂創作：在音樂方面，一個 AI 音樂創作工具可以提供多種方式來激發
孩子的創意。例如，對於一位 12 歲的孩子，這個工具可能會提出一個
挑戰，要求她根據 "海洋探險" 的主題創作一段短曲。這個工具提供各
種樂器聲音、節奏模式和和聲結構，使孩子能夠實驗不同的音樂元素，
並發掘自己獨特的音樂風格。

表現和反饋

AI 對孩子的藝術表現提供客觀和及時的反饋，這在繪畫和音樂學習中尤為重
要。

- 繪畫反饋：在一個線上藝術班中，孩子們可以將他們的作品上傳到一個
AI 平台上進行評估。例如，一位 9 歲的學生上傳了一幅風景畫，AI 分析
了畫作中的色彩搭配、光線使用和構圖平衡，並指出了畫中天空與山脈
之間對比度不足的問題。基於這些分析，AI 提供了具體的改進建議，如
調整色彩飽和度或改變光源方向。
- 音樂反饋：在一個音樂學習平台上，孩子們可以上傳他們的樂器演奏錄
音。例如，一位 11 歲的小提琴學生上傳了她的獨奏錄音。AI 分析了演
奏的節奏、音準和表達方式，並指出了在某些段落中弓法使用的不足，
如提醒孩子在高音部分使用更加輕柔和平滑的弓法，以增強音樂的表現
力。

跨文化藝術學習

AI 技術讓孩子們能夠接觸和學習來自世界各地的藝術形式，從而增進他們對
不同文化的理解和欣賞。

- 認識世界藝術：在一個 AI 藝術教育應用中，小學生可以通過互動式教學
了解不同國家的藝術風格。例如，這款應用可以帶孩子們認識日本浮世
繪的歷史和技巧，展示浮世繪的代表作品，並引導孩子們創作自己的浮
世繪風格作品。孩子們不僅學習到了繪畫技巧，還瞭解到了浮世繪與日
本文化和歷史的深厚聯繫。

- 多文化音樂體驗：在音樂教育平台上，孩子們可以透過虛擬互動體驗學習世界各地的音樂。例如，平台可能會介紹非洲的鼓樂文化，提供不同非洲國家的鼓樂樣本，展示鼓的製作方法和演奏技巧。孩子們可以在虛擬環境中模仿鼓手的動作，學習不同的節奏模式，甚至創作自己的鼓樂作品。

培養批判性思維

儘管 AI 是一項強大的新興技術，但我們也需要承認它存在局限性，並且仍處在不斷發展之中。在小孩使用 AI 的同時我們也需要培養他們的批判性思維，以消除他們對 AI 是否百分百正確的盲目信任，並鼓勵他們主動思考和提出疑問。

具體而言家長和教育工作者可以通過以下方式幫助小孩培養批判性思維：

1. 鼓勵小孩主動質疑 AI 提供的信息和建議，不要沉浸在被動接受中。當 AI 的表述與小孩的經驗或常識相悖時，應提醒他們保持懷疑和求證的態度。
2. 讓小孩了解過度依賴 AI 可能產生的風險和不良後果。這有助於他們理解獨立思考的重要性以及 AI 只是工具的本質。
3. 舉例說明 AI 也會犯錯或被誤導，從而激發小孩主動發現這些錯誤。這能訓練他們審視信息的眼光，而不是盲目信任。
4. 鼓勵小孩拓寬訊息渠道，使用各種工具進行多方求證，而不僅僅依賴單一的 AI 平台。這能培養他們綜合分析和比較不同觀點的能力。

培養創造力

相比直接提供標準答案，我們更需鼓勵小孩運用想像力和創造力主動提出獨特的問題和解決方案。AI 可以在這個過程中發揮積極作用：

1. AI 可以提供大量靈感和示例，激發小孩運用聯想能力產生新的想法和設計。小孩可以基於這些靈感進一步發揮創造力。
2. AI 可以幫助檢驗和優化小孩提出的創新設計和解決方案，為他們提供快速的反饋。這有助於鞏固他們的創造力和解決實際問題的能力。

3. AI 可以通過遊戲形式激發小孩的好奇心和探索精神。這種寓教於樂的體驗有助於開發小孩的想像力和創新能力。

4. AI 還可以幫助小孩將抽象的創意念頭轉化為具體的作品,如藝術創作、科學實驗、編程項目等。這為發揮創造力提供了直接的渠道。

11.3 創造環境讓小孩熟悉 AI

正如我們之前在 AI 補習班提到的,對於孩子來說,從家庭中開始的 AI 教育是非常重要的,而且這種教育應該從更小的年齡就開始培養。就像那些在還未學會走路就能彈奏鋼琴的音樂天才,或者擁有籃球天賦的小孩一樣,AI 的早期接觸可以培養孩子的特殊技能和興趣。這有點像在過去,大多數家庭都配備了一台電腦,孩子們從小就開始學習如何使用這項技術。

在當今時代,隨著 AI 的普及和重要性的增加,它已經成為新一代兒童必須熟悉的工具,就像他們的父母那一代人必須學會使用電腦一樣。

在這個過程中,家長可能對特定領域有特殊的教育期望,希望孩子學習特定的知識或技能,但他們可能不知道如何有效地教授這些內容。這時,AI 可以成為一個合作夥伴,幫助創建和提供針對性的學習工具。例如,如果家長希望孩子學習古典音樂、魔術甚至茶藝,AI 技術可以提供定製化的學習資源和互動式教學,從而使孩子在這些領域獲得豐富的學習經驗。

為了創造一個有利於孩子們熟悉 AI 的環境,家長和教育者可以從以下幾個方面著手:

1. 提供 AI 學習工具和資源:家庭和學校應提供適合兒童使用的 AI 學習工具和應用程序。這些工具應該設計得既有教育意義又有趣味性,以吸引孩子的注意力並激發他們的學習興趣。例如,可以使用遊戲化的 AI 教育軟件,或者讓孩子參與簡單的編程和機器人製作活動。

2. 跟 AI 一起創造學習環境給小孩學習家長有可能有特殊領域想讓孩子學習,但也不知道怎麼教小孩他想讓他知道領域,這時候 AI 也可以變一個一起創建學習工具的夥伴。

3. 融入日常生活中的 AI 體驗： 利用家庭中的智能設備和應用程序，如智能揚聲器、家庭自動化系統等，讓孩子在日常生活中自然而然地與 AI 互動。通過這些實際體驗，孩子們可以學習如何與 AI 合作，並理解它在現代生活中的應用。

4. 鼓勵探索性學習： 鼓勵孩子們探索 AI 的不同方面，讓他們對這項技術保持好奇心。家長可以與孩子一起參與 AI 相關的項目，如建立簡單的 AI 模型或參與 AI 主題的科學實驗，這些活動不僅增加了親子互動的樂趣，也幫助孩子更深入地了解 AI。

5. 培養批判性思維： 雖然 AI 是一個強大的工具，但也需要培養孩子們對其潛在影響的批判性思維。這包括理解 AI 的局限性，以及如何負責任地使用 AI。這種思維能力將幫助他們在未來更加明智地與 AI 互動。

通過創造這樣一個環境，我們不僅幫助孩子們熟悉 AI，還為他們在未來的世界中取得成功打下了堅實的基礎。這種熟悉不僅限於操作和應用，更包括理解 AI 在我們生活中的角色和潛在影響，從而使下一代更加適應這個日益由 AI 驅動的世界。

11.4 怎麼讓 AI 幫忙照顧小孩

AI 的角色已經遠遠超出了傳統的技術範疇，特別是在照顧和教育小孩方面。AI 工具如 ChatGPT 的出現，不僅為父母提供了強大的支持，也為孩子的成長和學習開啟了新的可能性。

ChatGPT 等 AI 工具的核心理念是通過自然語言溝通來實現人機互動，這意味著父母和孩子都可以輕鬆地使用這些工具，無需具備深厚的技術背景。家長首先需要學習和熟悉這些 AI 工具，然後再將這些知識和技能傳授給孩子。一旦開始使用，便會發現 AI 在許多方面都能提供幫助，從日常照顧到學習輔導，AI 就像一位永遠耐心的超級 AI 保姆和家教。

AI 技術的一大優勢是其無限的耐心，跟永遠不會累。當孩子們在學習上遇到困難、不願意聽話，或需要反覆解釋相同的問題時，AI 都能保持耐心，不厭其煩地提供幫助和指導。這種耐心在孩子的學習過程中尤為重要,因為它確保了孩子在面對挑戰時能夠獲得持續的支持和鼓勵。

AI 的另一項重要能力是其 24 小時的監護功能。這意味著即使父母或老師不在孩子身邊,AI 也能實時監控孩子的學習狀況和興趣領域,並將這些信息及時反饋給父母。這不僅讓父母能夠放心,也確保了孩子的安全和學習進度不會因為成人的缺席而受到影響。

此外,AI 還能在父母情緒疲憊或無法親自陪伴孩子時發揮作用。例如,當父母心情不好或忙於工作時,AI 可以輔助孩子完成功課,提供安慰和鼓勵。即使孩子們對某個問題有著無盡的好奇,AI 也能耐心回答,這對於激發孩子探索世界的興趣和學習新知識非常有益。

AI 的使用不僅僅是為了減輕父母的負擔,更是為了提供一個豐富、互動和支持性的學習環境給孩子。通過 AI 的協助,孩子們能夠在一個充滿愛和耐心的環境中成長,同時學會如何有效地利用這些先進工具來擴展他們的知識和技能。

11.5 AI 可以為每個小孩量身打造全方位學習計畫

在這個 AI 時代的革命中,除了能為每個人提供獨特且專屬的顧問外,AI 的另一個關鍵特性在於其「個性化能力」。AI 擁有聽、說、讀、寫的能力,能全方位地記錄並參與與孩子的互動,這包括過去的記錄和對未來的預測。在以往的時代裡,沒有老師能立刻掌握一個孩子從小到大的喜好,如喜愛的書籍、過往的作業,甚至他們常用的語句,但現在 AI 能做到這一點。因此,這種個性化能力使得 AI 能為孩子打造一個全面而量身定製的學習計劃。

面對學習的開始,許多孩子可能會感到困惑或不知從何下手,尤其是當面對一張空白的紙時。在這種情況下,AI 可以發揮關鍵作用,協助他們踏出第一步。AI 系統可以根據孩子過去的學習記錄、興趣和優勢,提供適合的學習建議和資源。這不僅僅是關於學習內容的選擇,更涉及到學習方法和策略的建議，讓孩子在學習的旅程上感到更有信心和方向。

AI 的互動特性使其能夠以更親切、友好的方式與孩子互動，降低學習的壓力和障礙。例如，AI 可以通過有趣的遊戲、引人入勝的故事或互動式問答來激發孩子的好奇心和學習動力。這種方法不僅讓學習過程變得更加輕鬆和愉快，也幫助孩子逐漸建立起學習的自信和獨立性。

1. 個性化學習計劃： AI 系統能夠深入分析孩子的學習習慣、理解能力和興趣點，從而創建個性化的學習計劃。這樣的方法不僅讓孩子們在擅長的領域獲得更深入的學習，也能在他們遇到困難的地方提供針對性的幫助和資源。這種靈活性確保了每個孩子都能在自己的節奏下學習，並最大化他們的學習潛力。

2. 互動學習： AI 技術可以將學習過程變得更加互動和生動。遊戲化的學習方法能夠有效吸引孩子們的注意力，將學習內容融入到吸引人的遊戲和活動中，從而激發孩子的學習興趣。這不僅使學習變得更有趣，還能通過即時反饋來鼓勵孩子們看到自己的進步和努力的成果。

3. 即時反饋和評估： AI 的能力在於提供即時反饋和評估，這對於加速學習過程至關重要。當孩子在學習中犯錯誤時，AI 系統能立即指出並提供解決方案，從而減少學習錯誤的時間並幫助孩子更快地掌握正確的概念。此外，AI 系統還可以持續追蹤孩子的學習進度，幫助家長和教師了解孩子的學習強項和弱點。

4. 靈活的學習時間： 使用 AI 技術的另一大優勢是學習時間的靈活性。AI 學習平台使得學習不再受限於特定時間和地點。這對於忙碌的家庭尤其有利，因為他們可以根據自己的時間安排學習活動。孩子們可以在家中、路途中或等待時利用這些時間學習，這種學習方式不僅提高了學習的便利性，也讓孩子們能夠在最適合他們的時間學習，從而提高學習效果。

這種全方位的個性化學習計劃不僅使學習過程更加高效和有趣，還為孩子們提供了一個支持和鼓勵的環境，讓他們能夠發揮自己的最大潛能。AI 在教育領域的應用正在開創新的教學方法，為下一代的學習和成長奠定了堅實的基礎。

12 | AI對各行各業的衝擊

12.1 我的職業會被 AI 取代嗎？

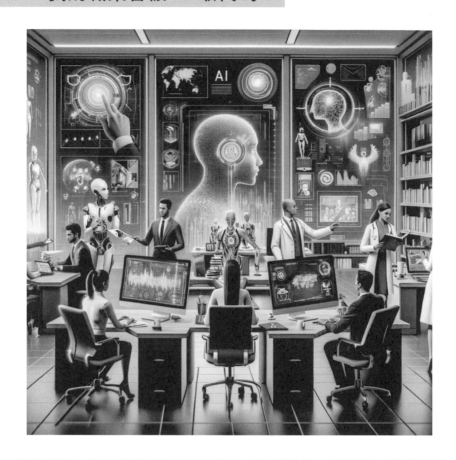

在 AI 的影響下，許多行業都在經歷變革。這種變革不是關於取代的問題，而是關於如何與 AI 合作，實現更高的工作效率和創新。理解並適應這一轉變，將對未來的職業生涯至關重要。

革新工作效率的範例：

以 ChatGPT 為例，這種 AI 工具在多個領域顯示了其強大的應用潛力。例如，在法律行業中，律師可以使用 ChatGPT 來進行案例研究、起草合同和其他法律文書，大幅提高工作效率。同樣，在教育領域，教師可以利用 ChatGPT 來設計課程、編寫教材，甚至進行學生作業的初步評估。

AI 與醫療行業的結合：

在醫療領域，AI 的應用正在顯著改變醫療專業人員的工作方式。例如，利用 AI 進行疾病診斷和影像分析，可以幫助醫生更快、更準確地做出診斷。此外，AI 在患者數據管理和分析方面的應用也大大提高了醫療服務的質量和效率。

AI 與創意產業的互動：

在創意產業，如廣告和設計，AI 同樣發揮著重要作用。AI 可以協助創意專業人士進行市場趨勢分析、創建定製廣告和提供設計靈感。例如，廣告公司可以使用 AI 分析消費者行為，從而創建更加針對性的廣告策略。

跨行業的 AI 應用：

在金融行業，AI 被用於風險評估、市場分析和自動化交易。例如，銀行可以利用 AI 進行信用風險評估，而投資公司則可以使用 AI 進行市場趨勢分析和預測。同時，在服務業，如酒店和零售，AI 正在被用於提升客戶服務和個性化體驗。

未來職業技能的重塑：

在 AI 日益普及的今天，最重要的職業技能之一是能夠與 AI 有效合作。這不僅涉及理解 AI 技術的基本原理，還包括能夠靈活應用 AI 於特定行業的能力。未來的職業人士需要學習如何利用 AI 來增強自己的工作效率和創造力。

AI 如何幫助面試：

在前面的章節中，我們提到了一種稱為「Prompt 角色扮演模式」的方法，這是一種通過 ChatGPT 進行互動訓練的有效方式。具體來說，您可以請 ChatGPT 扮演一位面試官的角色。在這個過程中，您需要提供詳細的背景信息，比如您將要面試的公司是什麼性質的，面試官的身份，您申請的職位，以及您自己履歷的基本介紹。這些信息將被整合成一個完整的 Prompt 範本，供 ChatGPT 使用。

透過這個方法,您可以模擬出一個接近真實的面試場景。您可以不斷地向 ChatGPT 提問,以此來模擬面試官可能會問的問題。這種互動形式有助於您更好地準備面試,尤其是在回答那些您可能事先沒有想到的問題方面。此外,如果您在回答某些問題時感到不確定,您也可以直接詢問 ChatGPT,以獲得更好的回答建議。通過這樣的訓練,您可以在面試之前獲得全面的準備,從而提高您成功獲得職位的機會。

AI 時代的職業共生:

AI 的興起並不意味著人類職業的終結,而是標誌著一個新的開始,人類與 AI 的共生時代。通過學習與 AI 合作,我們不僅能提高工作效率,還能開拓新的創新途徑。未來,能夠駕馭 AI 的人才將在職場上佔據有利地位。

12.2 各行各業職業衝擊

AI 與團隊合作的新時代：

在人工智慧（AI）的推動下，我們正處於一個重要的轉變點。從傳統的大團隊作業模式，逐漸過渡到「AI+ 團隊」的新模式。這種變革不僅體現在工作方式上，也顯著提升了團隊面對複雜任務時的效率和創造力。

範例一：啟動初創企業

在過去，一個初創企業要從概念走向市場，需要龐大的團隊支持，包括產品開發、市場分析、技術支持等。然而，在 AI 的幫助下，一個小型團隊就能迅速完成這些工作。AI 工具能夠進行市場趨勢分析、用戶需求預測，甚至協助設計用戶介面，大幅度降低了人力和溝通成本。

範例二：傳統製造業的轉型

在製造業中，AI 的應用正在重塑整個產業。過去，從設計到生產，每個環節都需要大量的勞動力和時間投入。現在，AI 可以協助進行產品設計的優化，生產流程的自動化，甚至能夠實時監控製造過程，提高產品質量和生產效率。

AI 的多面性影響：

AI 不僅在技術層面提供支持，它還能夠幫助團隊在策略制定、市場定位等方面進行更準確的決策。無論是編寫代碼、撰寫行銷文案還是進行社群推廣，AI 都能提供有效的協助。

邁向高效與創新的未來：

隨著 AI 技術的不斷發展，我們將看到更多行業和領域的轉型。小型團隊在 AI 的賦能下，將能夠承擔以往只有大團隊才能完成的任務，這不僅提高了工作效率，也為創新開闢了新的道路。AI 正成為推動各行各業進步和變革的重要力量。

12.3 如何接受學習 AI，讓自己加薪升職不被淘汰

12.3.1 AI 能做什麼跟不能做什麼

這是我碰到最多人問我的問題，AI 好強但我不知道他怎麼幫我？ 然後隨便丟一個真的電影 AI 才會出現的超未來功能就說希望他可以幫我完成某某事情。這好像你去跟物理科學家突然說你幫我把時間倒流一樣天真跟沒做功課。初步的花時間研究 AI 以後，其實你會發現他能做的事情到哪裡。

然後不要有先入為主的假設"AI 做不到啦，不用想了"，這種假設在 AI 的世界裡面目前沒有一定的，但很容易被這種假設把想法封死。

另外因為沒有任何人的工作是"單一任務"的，一定是由多個小任務組成完

成，假設你是股票投資人士，你的工作會大概簡單拆解為"搜集新聞"→"看市場價格波動"→選擇投資。

現在 AI 無法一次幫你做到好 (雖然已經有 AI 跟其他科技在做類似的事情了)，但你也不會放心交給他，但如果你有 AI 做不到的心態，那就會忘記"蒐集新聞"這件事情 AI 可以做得比人類更詳細更全面，就好比人類算數不可能比計算機快一樣，那你就會直接放棄 AI，而市場其他善用 AI 的同事跟對手就真的超越你太多了。

▶ 12.3.2 把日常任務拆成小任務

將日常任務細分為小任務，然後問自己哪些是 AI 能做的，哪些是它不能做的。進行這樣的分析後，你就可以開始反思自己的生活和工作情況，逐步拆解看哪些部分可以由 AI 來協助完成。如果有做不到的部分，也沒關係，記下來。在目前 AI 快速發展的背景下，多關注相關進展，或詢問懂 AI 的朋友。現在很多 AI 社團都非常積極地幫助有真實需求的人。最終，你會發現在工作中有許多事情都可以由 AI 和自動化來完成。

▶ 12.3.3 整理自己的 AI 工具箱

當你開始經常使用 AI 和相關工具時，每個人的電腦配置、使用習慣（如使用電腦或手機等）以及作業系統都不盡相同。這時，你會開始形成一套自己熟悉且有效的 AI 工具組合。就像工作任務不是單一任務一樣，完成一項 AI 工作可能需要結合多種工具，比如自動化軟件→通訊軟件→市場報告爬蟲→回傳至 Google Sheet →由 ChatGPT 整理→反饋到你的電子郵件等等。簡單來說，你會有一套自己的 AI 問題解決工具箱。記錄並定期更新這些工具，這樣在遇到問題時，你就可以從容不迫地找到解決方案，而不是慌忙中忘記上次是如何解決類似問題的。

當大家都在使用 AI 時，比拼的就是誰的工具箱更加完整，誰能在速度和穩定性上取得優勢。

13 | AI怎麼影響到我們的生活

人工智能正在改變工作、生活流程，滲透進各個場景/環節

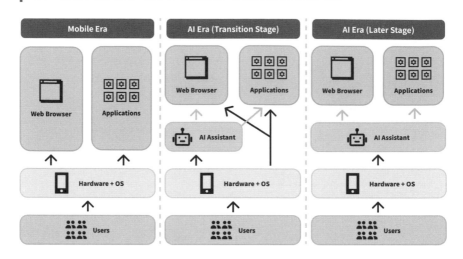

Nvidia 黃仁勳在 2023 8 月 SIGGRAPH有提，未來 AI 大模型會直接面向用戶，可以從圖中我們目前已經接近在中間那張圖 (AI Transition Stage)。

我們開始慢慢有些任務是透過 AI 或 AI Agent(AI 代理) 幫我們執行，譬如要訂機票、飯店等等，我們只要跟 AI 說要去哪，他就會負責接手所有剩下的任務了。甚至美國已經有家長透過 AI 去跟學校溝通，因為怕自己太情緒化跟學校吵起來。

未來基本上我們的生活面對的一切都有可能會先碰到 AI，再由 AI 去做剩下的事情，就像是我們現在什麼東西基本上都可以在電腦或手機上完成一樣。

13.1 AI 新時代的能源

AI 新時代的能源

將 AI 比喻為新時代的能源，這種說法聽起來可能有些誇張，但實際上它深刻地揭示了 AI 在未來生活中的重要性。

當前對 GPU 顯示卡的激烈爭奪，可與國家之間爭奪石油的情況相提並論。這種競爭反映了 GPU 顯示卡作為未來不可或缺的核心資源的地位，它已成為新時代的「能源」一種硬性的基本需求。

AI 是一種工具，同時也是一種能源。它不僅可以幫助我們整理當下的資訊，還能在一定程度上預測未來。就像能源一樣，AI 的應用範圍廣泛而深遠。

1. AI 在日常生活中的融合

在道路交通管理上，紅綠燈的控制和自動駕駛將因 AI 變得更加準確和安全。

我們日常使用的電腦和手機也將與 AI 緊密結合，使得搜索文件夾或資料變得更加迅速便捷。

AI 的存在將無處不在，無形中協助我們的生活和工作，就如同電力在二次工業革命中的作用一樣重要。從照明到工廠生產，從交通革命到通訊變革，電力徹底改變了 19 世紀的生活方式，對現代生活產生了深遠的影響。

在未來的 10 至 20 年間，AI 將對我們及我們的下一代產生類似甚至更大的影響。正如電力在過去改變了世界，AI 也將成為推動我們未來生活變革的核心力量。

2. AI 在氣候與醫療領域的應用

在天氣預報方面，尤其是關於氣候變遷的問題，AI 正在默默協助氣象局進行更精確的氣候判斷，並且對飛行航線和郵輪路線進行優化。在醫療領域，AI 也在努力幫助人類探索癌症治療和其他難治之病的解決方案。許多情況下，儘管人類能夠進行判斷，但面對龐大且複雜的數據組合時，這變得耗時且困難，而 AI 則在這些場景下發揮關鍵作用。你可能會想，傳統的電腦或超級電腦不就能處理這些問題嗎？但事實上，就算是最先進的電腦也難以勝任這些藥物組合的複雜計算，且成本過高。未來，某些大學的實驗室或許能利用 AI 進行類似超級電腦的判斷，並且速度快達 100 倍。

13.2 每個人都會有自己的 AI Agent(AI 助理)

比爾蓋茲曾說過 : 每個人會有自己的 Agent

在電腦上執行任何任務，你都需要指定要使用的應用程式。雖然你可以使用微軟 Word 或 Google 文件來撰寫商業提案，但這些工具無法幫助你傳送電子郵件、分享自拍、分析資料、安排聚會或購買電影票。

即便是最優秀的網站，也僅能片面理解你的工作、個人生活、興趣和人際關係，並且在利用這些資訊為你服務方面能力有限。目前，這種工作通常只能由人類完成，例如你的密友或個人助理。

但在未來五年，這一切將徹底改變。你不再需要為不同的任務切換不同的應用程式。你只需用平常的語言告訴你的裝置你想做什麼。軟體將能夠根據你願意分享的資訊量，因為它對你的生活有了深入的瞭解，所以能夠做出個性化的響應。

在不久的將來，任何一個上網的人都能夠擁有一個由先進人工智慧驅動的個人助理。

Agent 不僅將改變人們與電腦的互動方式，還將顛覆軟體行業，引發自從我們從鍵入命令到點選圖示以來電腦領域的最大革命。

在不久的將來，人工智慧將在自己的智慧層次結構中工作，所有這些都相互通信，也許大部分是自主的。如果你想吃點東西，你的更「聰明」的高級人工智慧助理可能會根據你和你最近的行為的推理來猜測你可能喜歡哪家餐廳，然後委託給更便宜的人工智慧來實際製作預訂。或者，你可以先向你的個人手機人工智慧尋求幫助來完成任務，它可以從前沿模型獲得有關如何完成棘手預訂的建議，並根據需要向你的帳戶收取額外的情報。

關於我們是否想要這個人工智慧無處不在的世界的一些選擇已經透過開源法學碩士的發布而做出。僅使用當今可用的開源模型，聰明的開發人員就可以繼續對其進行微調，以產生非常有效的人工智慧，從而幫助完成許多過去需要複雜程式的專門任務。這意味著能夠觀察周圍世界並採取行動的法學碩士將變得普遍，並將更加融入我們的工作和生活。

13.3 大家都會有自己的 AI 數字人

在之前的章節中，我們提到了如何克隆自己的聲音和臉部表情。在未來，這些技術將變得更加成熟，成本降低，並且實現實時操作。這意味著，這些技術可以幫助您參加視訊會議或與他人通話，就像您在網路上擁有一個分身一樣。這個數字分身甚至可能比您更了解您自己，它能記住您可能已經忘記的細節，比如過往對話中的小事或某個朋友的生日等。

這就像現在社交網路上的情況，每個人都有自己的頭像，但在未來，每個人將擁有一個會動、會說話、並能表達喜怒哀樂的數字化分身。這個分身不僅僅是一個靜態的圖像，而是一個充滿活力、能夠與他人互動的數字存在。

當這種時代來臨時，即使子女因忙碌無法親自通話，他們仍然可以透過這種方式關心和陪伴長輩。這個數字分身不僅僅是代表您說話，您還可以通過打字的方式與長者進行交流。這樣，儘管是通過數字媒介進行溝通，長者仍然會感覺到您就像在視訊中一樣親近。每一句話，雖然是通過數字化方式傳達，但聲音仍是您親自的聲音，文字內容也是您親自撰寫的，讓這種交流更加親切和真實。

這樣的技術進步將極大地改變我們的溝通方式，使得即便在分隔兩地，人與人之間的聯繫也能更加緊密，更具有人性化的溫度。

13.4 網路上真假消息已經分不出來了

在當前的數字時代，就像每個人都能擁有一個 AI 數字分身一樣，AI 同樣能夠輕鬆地模仿其他人的 AI 數字人。這種技術的進步使得社群網路上的言論真假更加難以分辨。一些言論可能是真實的，也可能是某些人刻意為之的虛假信息，而要在第一時間內做出準確判斷變得極為困難。

這種情況並不僅僅是某個人發表了一篇關於某事的文章那麼簡單。更常見的情況是，一大群網路水軍在網絡上集體散播某種言論。當你在網絡上看到一兩個人發表某種觀點時，你可能會持懷疑態度；但當這種觀點被七八個甚至更多的帳號所重複時，你可能就會開始質疑，這是否是真的。在 AI 技術的幫助下，這種集體性的言論操縱變得輕而易舉，包括留言中的支持或反對意見，都可能是 AI 為了增加某一事件或信息的可信度而製造的。

這種情況的影響範圍廣泛，大到可能影響國家的政治局勢，小到可能導致某些公司的股價出現短暫的恐慌。這類虛假信息的危害性是真實而且深遠的。

我們需要更加謹慎地三番五次核對不同主流媒體的消息來源，以確認信息的真實性。

當陌生人通過電話與你交談時，只需幾句話，他們就可能利用 AI 技術複製你的聲音。

而如果這種技術被用來模仿你，創造出一個數字化的你，那麼風險將更加大。詐騙手段已經進步到可以通過"視訊電話"來進行，技術上完全可行。因此，與家人和朋友製定一些面對面或紙質記錄的安全關鍵字變得尤為重要，這些關鍵字不應該有數字記錄，也不應該在電話中提及，以防止被不法分子利用

13.5 全世界的人不分語言都可以溝通了

AI 讓世界真的變平。

想像一下，當我們用自己的母語講話時，對方卻能清晰地聽到用他們的母語所表達的完全相同的信息。這種溝通的轉變不僅限於文字上的即時翻譯，它也同樣適用於語音和視訊通話。無論是通過電話交談還是進行視訊會議，每個參與者都能夠以自己最熟悉的語言聆聽和回應，彷彿每個人都在使用同一種語言進行溝通。這種全新的交流方式，將會大大提升人們跨文化交流的流暢性和效率。

這將徹底改變我們的旅行體驗：無論我們前往世界的哪個角落，語言障礙將不再是一個問題。我們將能夠毫無壓力地與不同國家的人自由交流，充分體驗不同文化的精彩。

這項技術的應用範圍遠不止於此。在教育領域，這將開啟新的學習方式。學生不再需要擔心語言障礙影響他們理解教授的講座或閱讀學術資料。AI 的即時語言轉換功能將確保信息的準確傳遞，無論是聽課還是作業指導，都能用學生自己的語言進行溝通。

在學術研究方面，這項技術將使來自不同國家的研究人員能夠更加緊密地協作。通過消除語言障礙，研究人員可以更有效地分享知識，共同解決複雜的問題。不同國家、不同文化背景的研究人員將能夠共同參與討論，共享彼此的見解和專業知識，從而推動科學研究的全球化發展。

總之，AI 的語言轉換技術將是一場溝通革命，它將使全球人民更加緊密地連接在一起，不受語言的限制。這將使世界成為一個真正意義上的「地球村」，在這裡，每個人都可以自由地表達和交流，共同創造更加豐富多彩的世界。

全世界都能用 AI 說到大家聽得懂，聽得懂大家說什麼。

13.6 想學什麼都可以有個 AI 專家在旁邊教你

AI，你的隨傳隨到專家。

在我們之前討論的「Prompt」章節中，提及了一種獨特的角色扮演方法，其中每個 AI 都可成為您所需的專家。舉例來說，如果您對天文學感興趣，AI 可以扮演一位世界級的天文學家，甚至在某些方面超越真正的專家，畢竟 AI 能記住關於天文學的所有知識。這種 AI 專家可以全天候陪伴您，不僅提供專業知識，還能記住您與它的所有對話歷史，了解您喜愛的星座，並根據您的習慣和偏好來定製答案。這樣一來，這位 AI 專家將變得如同了解您一般，甚至可能比您自己更了解您。

在當前，要聘請這樣的專家幾乎是不可能的，無論是因為專家的不可得，還是高昂的每小時顧問費用。但在未來，這種服務可能會像現在上網一樣，變成一種普遍且免費的資源。

AI 擁有無與倫比的耐心，它可以毫不厭煩地回答你的問題

多個專家協作：

不僅限於單一專家的協助。現在，我們已經見證了由多個 AI 專家組成的小團隊，他們可以扮演不同的角色，如老闆、專案經理、工程師、設計師等，共同協作完成特定任務，例如網站製作。這些 AI 專家各有所長，他們會彼此討論合作方式，共同推進項目進展，最終完成網站的建設。

這意味著您可以在各個領域擁有自己的 AI 顧問團隊。例如，如果您是一位股票投資者，您可以設定 AI 扮演巴菲特或比爾·蓋茲等著名投資者的角色，向他們徵詢投資建議。這些 AI 將在內部展開討論，並最終向您提供綜合的投資意見。如此一來，您將能夠在不同領域中，擁有來自各路頂尖專家的建議和指導，這將極大地豐富您的知識和決策過程。

13.7 每個人都有機會有自己的 AI 公司

正如我們之前所討論的，每個人都可以擁有自己的數字化分身和多個專家級 AI 顧問。這種結合了 AI ChatGPT 等先進工具的設置，讓即使沒有特定領域背景或豐富經驗的人也能實現自己的目標。無論是商業創意、科技創新還是藝術表達，只要有一個創意和熱情，人們就可以立即與 ChatGPT 等 AI 工具進行深入討論，從而快速開始實施他們的想法。

這種 AI 賦能的模式不僅讓個人能夠迅速將創意轉化為現實，還大大降低了創業和創新的門檻。人們可以借助 AI 來進行市場研究、制定商業策略、設計產品原型，甚至管理日常運營。AI 的使用將極大地提高個人的工作效率，使得小團隊乃至個人也能在競爭激烈的市場中站穩腳跟。

AI 的這種應用不僅限於商業領域。在教育、醫療、藝術等各個領域，AI 都能提供專業建議和創新解決方案。這意味著，無論您的興趣和專長在哪個領域，AI 都能成為您寶貴的合作夥伴。

13.8 從陪伴到照顧 AI 在如何改善長者生活質量

在我們之前提到的數字人分身的概念中，年長者可以隨時享受 AI 伴侶的陪伴，這對於改善他們的生活質量具有重大意義。AI 伴侶不僅能提供視覺和聽覺上的慰藉，讓長者能看到家人的樣子，聽到他們的聲音，更重要的是，AI 具備 24 小時不間斷的陪伴能力，並且永遠不會感到厭煩或疲憊。這種持續不斷的陪伴對於提供情感支持和減少孤獨感非常有效。

除了基本的社交互動，AI 還可以充當一名出色的看護。在陪伴過程中，AI 能夠實時監測年長者的健康狀況，並將關鍵信息即時反饋給家屬。無論是飲食習慣、睡眠模式，還是身體不適，AI 都能夠做出即時反應。這種持續的健康數據監測是傳統實體看護難以達到的，尤其在持續性和精確性方面。

正如我們之前討論的語音轉換技術，AI 可以有效解決語言障礙的問題。許多看護工作中常見的語言溝通障礙在 AI 的幫助下可以輕鬆克服。無論家屬或看護人員說什麼語言，AI 都能實時翻譯，確保溝通的暢通無阻。這對於跨文化的家庭照護尤為重要，可以確保年長者即使在語言不通的環境中也能獲得妥善的照顧。

AI 不僅提高了年長者的生活質量，同時也為家屬提供了心理上的安慰。知道他們的親人得到了有效且持續的關懷，家屬們可以放心地處理自己的日常事務，同時確保他們的親人得到了最好的照顧。

14 永遠保持好奇心

14.1 面對 AI 時代，怎麼保持積極正面的心態？

不斷保持好奇心，突破自我認知框架，用去試試看的心態去玩，學習新的東西，相信現在的世界會跟明年同時看到的世界不一樣，現在 AI 變化的速度是歷史上前無所有的快，所有科技大廠跟國家都當把 AI 當作比核武還危險的競爭能力。

建立自己 AI 新聞流跟自我 AI 工具庫，每個人未來都會有自己的 AI 訊息流，不管是網路上看到的還是朋友聽到的，這些都要保持固定更新。另外要有自己的 AI 工具庫，因為在 AI 時代，每個人都會極低成本使用 AI，就像現在使用網路一樣。但碰到問題時候，怎麼好好的運用 AI，大家在不同情況下都會使用不同的工具去處理問題，這時候就會比誰更有效率跟更準確，甚至自動化，這些就會變得你自己的競爭優勢，但 AI 時代工具又變得太快，所以一定要保持著時常更新，保持領先優勢。

同時我們要保持 "unlearn" 的能力，這跟前面說的聽起來很矛盾，但這件事情就是因為 AI 變化太快，要持續學習跟接受新的變化，馬上忘掉原本學的去接受新的 AI 科技能力進步的事實。不能保持偏見去判斷任何事實，不能覺得 AI 做不到或是之類的，當發現能做到的時候要馬上去接受，忘了原本的事實。

這件事情可以想像跟當初上太空的人說你們所有的電腦運算在一個大房間，現在我們一台手機就可以送人類到月球了。

只不過這件事情有可能未來會是每個月，每一季發生，要學會適應這種生活，把它變成常態，才是正常的 AI 學習心態。

接受失敗，因為生成式 AI 的快速生成能力，可以極低成本讓我們小步快跑，不斷試錯，所以可以不段嘗試創新，持續測試自己的想法跟產生新的產品。

Prompt 能力的強大，不管在任何 AI 產品，很多情況都是因為 Prompt 沒打好，就覺得 AI 不過如此，但事實上知道 Prompt 怎麼打會影響所有的結果，很多人會覺得 Prompt 很簡單，但要先了解 AI，知道他能做什麼跟不能做什麼，才能聽到他想說的，說到他想聽的，像跟人交談一樣，要抱持謙卑的心態去學習 Prompt，是 AI 溝通的基本功力。

AI 產生的結果會有幻覺成分在，大模型本質就是用 "猜" 的，回答你的問題，當你理解跟接受這個事實以後下一步就是如何接受他，跟快速的判斷他，更好的是怎麼用 Prompt 去避免他，如何去判斷他回答的到底是真是假，還有現在網路上跟 AI 的能力真的很強，尤其我們看到的影片圖片，有可能是 AI 跟後製 (修圖後製影片之類的)，最後影片還有可能會剪接，所以所有東西如果可以的話都要自己嘗試過一遍，才會知道這件事情。

最後以前大家被問到不會的問題，就會回答我不會，沒學過，好難之類的，現在有了 AI，大家會說我跟 AI 一起來試試看，再做判斷，會變得跟 AI 一起處理任何問題，就像現在大家會用電腦一起處理問題一樣了。

14.2 每個人都是發明家

在 Instagram 時代，我們見證了個人如何將日常生活轉化為吸引眼球的照片，分享給全世界。繼而，在抖音（TikTok）時代，個人創造力進一步提升，人們開始生產短片，從舞蹈到烹飪教程，無所不包。但在 AI 時代，創造的範疇和深度發生了質的飛躍。現在，借助強大的 AI 技術，人人都能成為發明家，創造出從未想像過的事物。

想像一下，一位年輕的時尚設計師，沒有學過繪畫，但她可以用自然語言描述她心中的服裝設計。AI 工具能夠理解她的描述，並將這些想法轉化為精美的設計草圖。她可以立即看到她的創意如何變成現實，並根據反饋進行調整。

同樣地，一位創業者有一個關於可持續能源的商業概念。傳統上，他需要招募一隊工程師和專家來開發原型。但在 AI 時代，他只需要向 AI 系統描述他的想法。AI 可以幫助他模擬能源解決方案，甚至提出潛在的商業模型和市場策略。

再比如，一位小說家可以使用 AI 來生成故事情節、角色背景，甚至是整個世界觀。這位作者可能只有一個模糊的概念，比如一個未來世界的科幻故事。AI 可以根據這個概念，提供一系列的情節發展建議，甚至幫助創造語言和文化細節，使故事更加豐富和立體。

教育領域中，教師可以利用 AI 來創建個性化的學習計劃。根據學生的學習風格和進度，AI 可以提供定製的教學材料和練習。這不僅提高了學習效率，也讓教育更加個性化和包容。

對於藝術家而言，AI 的時代開啟了無限的創作可能。一位畫家或雕塑家可以用 AI 來探索新的藝術風格或技術。他們可以與 AI 合作，創造出前所未有的藝術作品，這些作品結合了人類的創造力和機器的計算能力。

在這個新時代，傳統上需要專家工程師、畫家、攝影師等的專業技能，現在變得更加普及和易於接觸。任何人只要有一個創意，就能立即實現並進行試驗。試錯的成本極低，人們可以迅速推出創意，讓家人、朋友以及社交網路上的人試用和體驗。

因此，在 AI 時代，創意的價值以及如何在適合場景下使用適當的工具變得至關重要。這不是 AI 無法實現的問題，而是我們需要學會如何有效地使用這些工具。這個時代的真正挑戰在於，如何培養一個能夠靈活使用這些工具的社會，以及如何鼓勵人們發揮他們的創意潛力。在 AI 的幫助下，每個人都有機會成為發明家，創造出影響世界的新事物。未來將是那些能夠把握這些工具的人的天下，而我們每個人都有機會成為那些改變世界的創造者。

14.3 小步快跑，不要害怕失敗

把生活當作 AI 實驗，AI 相關的新聞和工具每天都在迅速變化，為我們的生活帶來前所未有的影響。從改善日常生活的小型應用程序到影響大型企業如微軟和英偉達的股票走勢，乃至於未來政治和經濟格局的轉變，AI 的影響力無處不在。要真正進入並融入這個 AI 驅動的新時代，最直接的方法就是深入其中，親身體驗 AI 帶來的變革。一旦讓 AI 成為你日常生活的一部分，你將發現自己能夠更深入地理解周圍的世界，你的視野也將變得比別人更為深邃和廣闊。

對於許多人來說，每天湧現的 AI 相關資訊可能只是過眼雲煙，但對於那些懷著好奇心和學習態度的人來說，這些資訊能夠為日常工作和生活提供寶貴的洞察和應用。因此，保持一顆對 AI 不斷好奇的心，持續地學習和自我提升，不僅是一種個人成長的途徑，也是與時俱進的必要條件。

在 AI 技術迅猛發展的當下，我們不需要主動去尋找相關資訊，因為這些資訊總會找到我們。花時間閱讀最新的 AI 文章，嘗試新出現的 AI 工具和應用，這些簡單的行動將使你每年在知識和能力上都獲得顯著的成長。這種學習並非僅僅是積累知識，更是一種對新事物的探索和對未來趨勢的預見。

隨著時間的推移，你會發現自己已經構建起了一個豐富的認知庫。這個認知庫不僅能幫助你分辨視頻中的真實與虛假，識別文章是否由 AI 撰寫，了解各種工具的潛在應用場景，還能讓你以一種全新的、AI 驅動的視角來看待世界。你將開始理解 AI 如何影響日常生活中的每一個細節，從工作方式到消費習慣，甚至是社會互動模式。這種深入的理解將使你在這個不斷變化的時代中保持前瞻性和適應性。

最終，當你開始用 AI 的角度解讀世界，評估訊息，並應用這些知識於實際情境時，你就真正地踏入了 AI 時代。

不是設計師才能設計、行銷才能宣傳、工程師才能寫程式，為了好奇心或其他目的，永遠可以做更多想做的事。

14.4 做個善用 AI 工具的人

AI 百寶箱變成未來自己的武器箱，每個人都可以上網但不是每個人對網路都擁有一樣的理解，未來人與人之間差異化會越來越少，需要有 AI 百寶箱。

不要因為 AI 而用 AI，擅長選自己的工具最重要。

如何建立自己的 AI 百寶箱？

1. 首先碰到問題可以先問 GPT，整理下思路，跟可能純在的解決方案，GPT 也會跟你說有沒有現成的解決辦法或工具，甚至會一步一步教你。這有時候比 google 漫無目的的從一堆網也找答案還快。
2. 能用現成的工具解決就用現成的工具，不行才用 AI。
3. 選擇 AI 工具的時候有免費開源的就用 (譬如前面章節提到 Google Colab 的 Lipsync)，不行的話就找市面上合適的，盡量保持追蹤最新 AI 工具的新聞 (真的每天都有)，原本要付費的，有可能微軟、Google、Meta、Adobe、阿里巴巴等等之類的大公司就推免費的出來了。
4. 選擇適合的第三方串接軟體像是 Make 或 Zapier，把所有東西串接再一起自動化。
5. 保持紀錄的好習慣，工具真的太多了，要好好收藏紀錄，等到問題出來你就知道要用什麼工具解決了

在 AI 時代什麼事情都有可能做到，不要帶著偏見或是瞧不起的心態，同時也要保持聽到看到什麼都要懷疑的心態。最後一樣是保持好奇心，才可以在這波 AI 時代一直處於領先。

14.5 Prompt 會是最重要的語言

我們在整理思路，或是開始記筆記的時候常常腦子會一片空白，不知道從何開始。 就算有個無比的靈感有時候也常常卡住，這時候 ChatGPT 可以很快速把你的靈感結構化，就從一個簡單的 Prompt 開始，接下來的應對答案除了

"問什麼問題"很重要以外,另外個就是"怎麼問"也變得非常重要,這邊的怎麼問就是怎麼使用 Prompt。

Prompt 就是最好的例子,打下去問起來,對話就會啟動了,你不打就真的什麼都沒有,打了基本上話匣子就打開了,所以學習如何提升跟養成習慣非常關鍵,怎麼能更好的與 AI 互動學習。 這邊說的 Prompt 不是在於被角色框架或是網路上看到很酷的指令什麼的,

而是真正理解 GPT,要很輕鬆的寫到他看得懂,我常常問他問題話只會打到一半,因為我大概知道他知道剩下一半是什麼了,他的原理架構就猜出下個,下下個單詞。這好像是你跟你很熟的朋友聊天,話不用講完他就知道你要說什麼了。這才是 Prompt 的真義。

另外 Prompt 同時也像一面鏡子,你給他的資訊越多,跟問他問題多深入,他能呈現出來的答案也越準確跟真實,很多人覺得因為是"AI",好像就會讀心術一樣,隨便問他因該就要神通廣大的知道你在想什麼,但事實上他就是面鏡子,你給的越多,他回答得越完整。

未來是跟 AI 共同合作的社會與生活,Prompt 就是最重要的語言了。

14.6 從自己生活跟工作開始

試著從 AI 自己的生活跟工作流程或是自己的興趣,嘗試用 AI 工具。因為首先要驅動好奇心去想怎麼做到這件事的,跟怎麼幫到我? 有些公司會用沒學 AI 就等著被淘汰或 fire 的方式,但這樣的方式就會僅限於你只會學到跟自己相關的 AI 工具或是公司指定的,反而市面上有百萬種新奇的 AI 工具,等著被你發覺,一定要由好奇心去驅動 AI 學習。

當重複的事情發生的時候開始問自己,如果有 AI 這件事情可以怎麼解決嗎

用 AI 角度看待世界,可以怎麼樣跟 AI 一起共存,OpenAI 的創始人之一 Greg Brockman 在 X 平台上說他看到最多在美國 Reddit 論壇討論的 GPT4 場景是小

孩在學校被欺負,然後家長忍住怒氣透過 GPT 寫封信跟學校溝通,GPT 已經透過中間人的角色進入現實的世界了,未來是否也會有個類似 AI 和事佬的角色存在? 幫助人們所有情緒跟不理性的溝通。

AI 除了可以自己提升以外,你會變得有更多稍微空閑的時間,關心一下週遭的同事或老闆,怎麼透過 AI 幫助他們,助攻他們讓他們更快完成工作,這樣會變得你是公司的整體效率 MVP,沒有任何人可以取代你,要退一步想,AI 是幫助整個公司運轉更順暢更有創意的角色,你是公司的首席指揮官,要他幹嘛就幹嗎,這種程度的時候才是你跟 AI 帶領團隊最有價值的時候。

14.7 如何利用 AI 建立個人化公司

在 AI 時代,創業已經不再是遙不可及的夢想。AI 技術的進步使得個人公司成為了一種高效且可行的商業模式。因為可以一個人獨立運作,由創辦人全權做主,從產品和服務的選擇到外包合作的決定。

如 Midjourney 團隊等小型團隊的成功案例表明,即使是僅由數人組成的團隊,也能在 AI 的協助下達成大公司的業績。過去,創業往往需要依靠工程師和專業團隊,但現在,任何有想法的人都可以借助 AI 成為創業家。

把 AI 作為合夥人

將 AI 視為你的合夥人，這是新時代創業模式的核心。你可以與 GPT 這樣的 AI 系統對話，決定業務方向，進行市場研究，制定產品策略，並最終與之一起檢討和完善計劃。

與傳統創業相比，不用找合夥人是一大優勢。合夥人可能帶來各種麻煩和潛在成本風險，而 AI 合夥人則讓一切變得更加容易和高效。

想像 AI 是擁有全世界知識，創意無限，24 小時待命，無限耐心的，一個月薪 20 美金 (GPT Plus 會費) 的合夥人，不佔股份，不會跟你吵架。 這樣的人哪裡找？

另外在搭配像 Make 自動化工具，跟其他 AI 軟體，基本上真的可以我們跟 AI 可以成為超級個體公司。

尋找你的專長和興趣

1. 用戶場景 - 專業攝影師： 比如，小明是一名專業攝影師，對於如何將他的技能轉化為一個在線教育平台有許多想法。他可以利用 AI 進行市場分析，找出潛在學生的需求，甚至幫助他規劃課程結構。
2. 用戶場景- 愛好烘焙的家庭主婦：小安是一位家庭主婦，對烘焙充滿熱情。她想通過開設一個線上甜點店來分享她的創意蛋糕。AI 可以協助她進行市場研究，設計品牌標誌，甚至提供網站設計的建議。
3. 用戶場景- 軟件開發新手： 小張是一位軟件開發的初學者，有意開發一款遊戲應用。通過 AI 的協助，他能夠理解市場趨勢，學習如何改進他的編碼技能，甚至獲得 AI 生成的代碼片段來加速開發過程。

利用 AI 進行創意發想和市場研究

1. 創意發想： 利用 GPT 進行腦力激盪，從不同的角度思考你的創業點子。比如，小明可以使用 AI 來生成攝影教學的創新想法，或者找到新的拍攝技巧來吸引學生。

2. 市場研究： 使用 GPT 和爬蟲軟體進行深入的市場研究。對於小安來説，AI 可以分析當地市場對特色甜點的需求，幫助她了解競爭對手。

3. 競品分析：讓 GPT 扮演不同的市場角色，提供寶貴的建議。對於小張而言，這意味著獲得關於如何讓他的遊戲應用脱穎而出的建議。

產品開發和測試

1. 品牌和網站建設： 使用 AI 生成品牌、LOGO 和網站。這對小明來説意味著能夠迅速建立一個專業的在線教育平台。

2. 測試和反饋： 進行產品試用和收集反饋。小安可以用 GPT 幫助進行用戶訪談和問卷調查，以優化她的甜點配方和訂單處理流程。

3. 市場推廣： 使用 GPT 撰寫營銷文案，在社群媒體上進行推廣。對於小張的遊戲應用，這意味著能夠創建引人注目的廣告和吸引用戶的社交媒體帖子。

產品上市和市場擴張

一旦產品開發完成，就可以開始市場銷售。透過持續的市場分析和營銷努力，你的業務將逐步成長。在整個過程中，AI 作為你的合夥人，提供全方位的支持。

最後在 AI 時代，獲取用戶注意力、提供價值的原則仍然是不變的。盡管我們每天都會受到技術的沖擊，但商業的本質並未改變。前幾次工業革命已經證明了，即使技術不斷變革，商業價值構造在改變，最終產品仍需提供價值。AI 產品也是如此，用戶關注的是產品的質量、留存、網絡規模效應和競爭壁壘等問題，這些都是我們一直需要面對的問題。

網絡時代是不對稱信息，現在是一個全新的 AI 生成供給的時代。

網絡時代與 AI 時代之間存在本質的差異。在處理海量數據和解決信息不對稱問題的過程中，我們盡量讓信息流通順暢。而 AI GPT 最本質的核心在於處理知識，通過與原有 Pre-Trained 的知識相結合，解決實際問題。

其核心價值在於創造新的供給。大家都是 Builder，AI 最能發揮價值和場景的地方就是在不起人的地方，因為人太貴了。所以 AI 服務是提供新的供給。

醫療成本太高、醫生不足、看病效率太低，但 AI 醫生的出現讓許多原本看不起醫生的人都能看到病了，這為醫療價值鏈提供了『質』的飛躍。因此，AI 的本質是解決供給不足的問題。

這是 AI 時代帶來的全新創業機會，未來每個行業都有對應的場景。讓 AI 創造新的供給方式，這也是這堂課所教授的所有核心內容。

有許多場景中，人的決策是直覺和經驗的體現。如何將這些場景提取出來並交給 AI 解決，使用大語言模型進行決策，是大家需要思考的方向。

14.8 永遠保持好奇心

AI 時代，不管技術怎麼變，產品還是產品

在 AI 時代，技術的變革並不改變產品本身的本質。如今，進入 AI 的門檻令人驚訝地低，只需一台可以上網的電腦。在這個時代，任何人都有可能創造出下一個類似 Instagram 的 AI 應用。

無論是哪個行業，終身學習始終是首要素質，也是每個人立足之本。ChatGPT 將深刻改造每一個行業，雖然不同行業的改造速度有所不同，但在大趨勢面前，沒有人能夠置身事外。

唯一前進的方式就是保持好奇心。

正如之前章節所述，現在的人們已經分為兩類：會用 ChatGPT 和不會用 ChatGPT 的人。ChatGPT 在未來將逐漸普及，但要在 AI 時代脫穎而出，不僅需要熟悉 ChatGPT，更要對 AI 的智能化生活保持熱情和好奇心。我們應該習慣於對生活中的事物提問，看看是否可以 "AI 化"。許多現有的 APP，比如 Uber 和 Facebook，都是從一個小小的 "可不可以" 問題開始的。

在 AI 時代，每個人都可以根據自己的經驗和生活來 "AI 化" 思考，這可能會成為下一個價值 10 億美金的想法。關鍵是保持對 AI 的熱情和好奇心。除了 ChatGPT 之外，每天都有數不清的新工具問世。

擁抱 AI

擁抱 AI 是最重要的。不要認為它只是一時的熱潮。去理解 AI 能做什麼，不能做什麼，並應用在生活中。

必須親自嘗試使用各種 AI 產品和工具。只有親自嘗試，親自踩過坑，才能真正理解和掌握 AI。即使是像 OpenAI 官方的 ChatGPT 也會遇到問題，比如模型不支援繁體中文，圖文轉換效果不佳，速度慢，PDF 匯入問題，以及插件運行不穩定等。

我們可以參考 AI 提供的思路和邏輯，即使不需要完全依賴它，但可以借鑒它的方法來做決策。就像韓國的職業圍棋手都在與 AI 練習一樣，我們普通人為何不學習呢？

AI 可以幫助我們理清思路。我特別強調好奇心而不僅僅是學習，因為 AI 已經降低了許多事物學習的門檻。比如過去需要大量經驗和學習才能完成的編程，現在只需與 AI 進行正常對話即可。

相信這波 AI 浪潮，每個人都有機會參與。只要願意學習，投入時間，就一定能創造出有價值的東西。

最後，保持好奇，不斷學習，相信 AI 的力量。